BASICS

LOADBEARING SYSTEM

구조 시스템의 기초

BASICS

LOADBEARING SYSTEM

구조 시스템의 기초

Alfred Meistermann 저

장정제 옮김

차례 CONTENTS

머리말

건물을 세울 때에는 그 건물이 갖는 구조적 요소들이 어떻게 작용하는가를 알아야 한다. 하중을 지지하는 요소들은 디자인을 지배하는 특징들이 된다. 그리고 분명한 하부구조가 된다. 이러한 구조물은 하중을 지면에 전달함으로써 건축물을 지지하고 건축물의 안정성을 확보한다. 하중을 지지하는 구조를 이해하는 것 즉, 그 구조적 원리와 서로 다른 구조의 특성들을 이해하는 것은 디자인 프로세스에서 구조적 원리를 적용하는데 기본이 된다. 그리고 재료선택과 시공방식에 적합한 해결방법을 발전시키는 기본이다.

디자이너는 많은 새로운 재료들을 조합하고 복잡한 역학적 문제들을 해결하고 하중을 지지하는 이론에 접근하려고 할 때, 자주 어려움을 겪는다. 이 책, '구조 시스템의 기초' (Basics Loadbearing Systems)는 건축분야와 도시 공학을 연결시키고 하중을 지지하는 구조의 기본적인 내용을 간단하고 이해하기 쉽게 발생순서에 따라서 설명한다. 이해를 돕기 위하여 건축물에 적용되는 사례들과 단순한 상황에서 발생하는 하중과 힘을 먼저 설명한다. 그리고 유형에 따라 하중을 전달하는 구조적 요소들을 소개한다. 설계자가 디자인 할 수 있는 건축물의 유형들에 따라 다양한 하중지지 시스템과 구조도 보여준다. 이 책에서 소개하는 압축된 내용들은 학생들이 지지구조를 통합적으로 적용하여 작업할 수 있게도울 것이다. 그리고 창조적으로 디자인 할 수 있게할 것이다.

베르트 비엘레펠드, 편집자

1. 하중과 힘

1.1 지지구조와 정역학

건축적 사유의 많은 부분은 디자인이 구조와 어떻게 연관되어 있는가와 관계가 깊다. 다른 입장들이 있지만, 동전의 양면처럼 여겨진다. 공간을 디자인 한다는 것은 세워져야 하는 구조에 의미를 부여하고 공간을 한정하는 것이다. 그러므로 구조를 이해하는 것은 건축적 이론의 기본이 된다. 구축의 안정성을 확보하는 것은 건축가에게 매우 생소한 일이다. 하지만, 건축가는 디자인 단계에서 구조적 요소를 정확하게 선택해야하는 입장에 놓인다. 구조적 요소들을 필요로 하는 문제에 실질적으로 접근할 수 있어야만 한다. 그 다음단계는 대개 구조기술자들과 함께 지지구조체를 발전시키는 일이다. 효율적인 공동 작업을 가능하게 하고 하중의 전달 체계와 구조, 그 구조들이 갖는 장점과 문제점 그리고 실질적으로 작용하는 힘들을 이해하기 위한 기본적인 지식이 필요하다. 서로 다른 구조적 힘들은 첫눈에는 매우 복잡해 보인다. 그러나 논리적으로 보자면, 그 힘들은 매우 분명하게 구별된다.

정역학적인 계산에 드러나는 힘들이 어떻게 서로 적절하게 작용하는가를 설명하는 것은 명쾌하다. 이러한 유형의 구조계산은 보통 다음과 같은 단계에 따른다.

_ 총체적인 구조와 개별적인 구조 요소들의 역할을 해석한다 – 역학 시스템
_ 구조 요소들에 작용하는 모든 힘들을 해석한다 – 하중 가정
_ 특별한 구조적 요소에 가해지는 힘과 다른 부재들로 전달되는 힘들을 연산한다 – 외력의 계산
_ 계획된 구조요소의 안정성을 결정한다.
_ 구조요소가 지지할 수 있는 결정된 힘을 증명한다.

1.2 힘

힘은 질량에 가속도를 곱하여 산출된다.

힘을 측정하는데 쓰이는 단위는 뉴튼newton이다. 1 뉴튼은 개략적으로 100그램의 무게에 상응한다. 건축물에서 뉴튼은 킬로 뉴튼과 메가 뉴튼으로 사용된다.

F = m · a
뉴튼

킬로뉴튼
1 kN = 1,000N,
메가뉴튼
1 MN = 1,000,000N

힘은 크기와 방향에 의하여 정의된다. 여기에서 그 힘의 작용은 선으로 그려지고 그 선의 크기와 방향에 의하여 표현된다. 〉그림 1

힘은 하나의 점 주변으로 회전하여 작용할 수도 있다. 그러한 힘은 토크

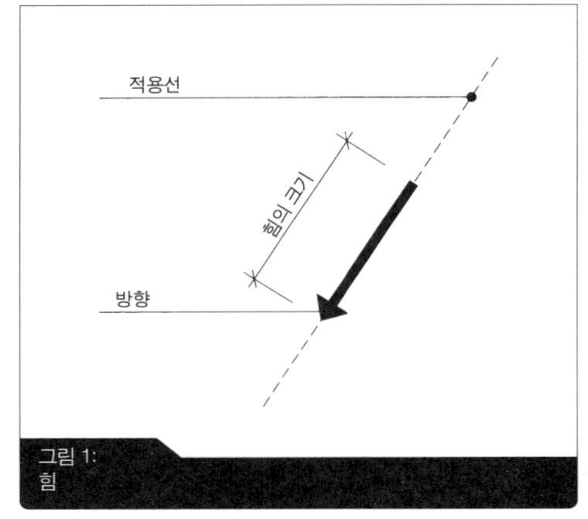

그림 1:
힘

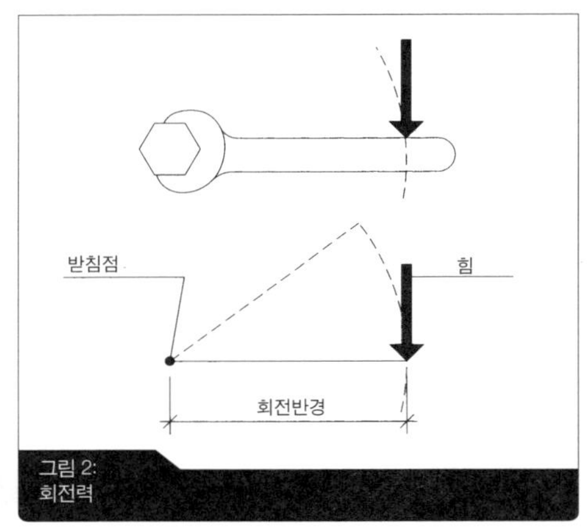

그림 2:
회전력

모멘트 회전력
Moments, torque

torque 혹은 모멘트 moment라 부른다. 그리고 작용하는 회전반경(응력 중심간 거리, lever arm)에 비례하여 정의된다.

토크의 손쉬운 사례는 스크루 드라이버를 조이는 것이다. 이러한 작업은 힘의 크기와 힘이 작용하는 거리 사이에 관계를 보여준다. 회전반경이 크면 힘은 더 커진다. 〉그림 2

작용력 = 반력
Action = reaction

정역학은 정지된 상태에 있는 구조시스템 내에서 일어나는 힘의 분산을 해석한다. 건축물과 건축물의 부분은 대체로 거동이 없다. 모든 작용하는 힘들은 서로 균형을 이루고 있다. 이러한 상태는 '작용력 = 반력' 의 상태로 종합된다. 이것이 정역학 계산의 시작이다. 모든 방향으로 작용하는 힘들의 총합과 그 반대 방향으로 작용하는 힘들의 총합은 0이라는 전제로 시작된다. 어떠한 작용력이 일어난다면, 반력은 즉각 해석된다. 외력에 관하여 해설한 장(章)에서는 하중을 지지하는 시스템에서 이러한 힘들이 어떻게 작용하는가를 설명할 것이다.

1.3 정역학 시스템

구조기술자들은 우선 정역학적 시스템 안에서 구조물 사이에 연결점을 만든다. 정역학 시스템은 다양한 요소들을 통하여 실재하는 복잡한 구조를 표현한다. 그러므로 하나의 추상적 모델로 해석한다. 단면상으로 보이는 지지부재들은 선으로 해석되고 그 하중은 점으로 작용한다고 본다. 벽체는 원통 구조로 표현되고 그 하중은 선으로 표현된다. 역학적 시스템이 제공하는 추가적인 정보들은 구조 요소들이 어떻게 서로 연결되어 있으며 어떻게 그러한 요소들이 가지는 힘이 하나의 구조 요소에서 다른 요소로 전달되는가이다. 이러한 정보가 역학 계산에

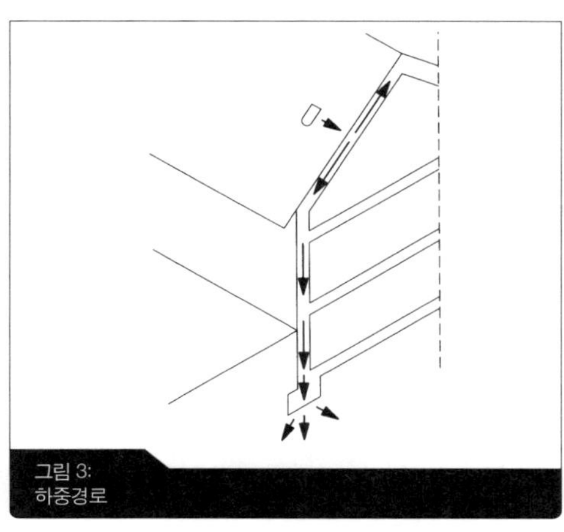

그림 3:
하중경로

는 절대적이다. 역학 시스템에 사용되는 기호들은 다음에 설명할 것이다. p 16의 그림 8에서 확인할 수 있는 지지력은 뒤에 설명할 것이다.

다음 단계는 모든 구조적 요소들을 위치와 크기를 상관적으로 설명하는 것이다. 또한 그러한 구조적 요소들이 갖는 힘이 다른 요소들에 전달되는 과정(하중경로, load path)을 분명하게 하는 것이 중요하다.

예를 들어, 지붕의 타일은 지붕 구조물에 의하여 지지된다. 그러나 그러한 힘은 벽체에 영향을 미치고 직접적으로 기초에 전달된다. 그러한 힘의 전달은 상부 층으로부터 전달된 힘을 흡수하는 구조 요소들이 어떻게 결정되는가에 따라서 이루어진다. 〉그림 3

\\ Tip:
구조 기술자와 협업을 훌륭하게 진행하려면, 디자이너는 프로젝트에서 이러한 특별한 부분들에 익숙해져야 하며 또 작업 방식과 목적에 대하여 이해하여야 한다. 그러한 이해가 기술자들의 계산을 볼 수 있는 감각, 건축가의 도면과 비교하고 실시 설계를 구체화할 수 있는 감각을 얻게 한다. 구조 기술자들은 건축가와 함께 디자인 단계에서 구조를 고안한 후에 그들 작업의 가장 중요한 부분을 완성한다. 계획의 인가를 위하여 구조적 안정성을 확보하는 도면을 그려내야 한다. 여기에서 중요한 관심은 무엇보다도 건축물의 하중을 받는 부분에 있다. 모든 하중을 지지하지 않는 부분들, 요소들, 비내력벽도 하중에 있어서 중요하다. 그러한 요소는 계획에 있어서는 그다지 중요하지 않을 수도 있다.

1.4 외력들

만약 지붕보와 같은 건물 요소에 대하여 생각하면, 두 개의 힘을 구분할 수 있다. 첫 째는 보위에 지붕 구조로부터 전달되는 힘이 생긴다. 그리고 그 힘은 지지하고 있는 하부의 조적부로 전달된다. 만약 우리가 사하중 dead weight을 고려하지 않는다면, 우선 이 보가 두껍거나 아니거나, 약하거나 강하거나 하는 것은 문제가 되지 않는다. 우리는 보 자체를 고려하지 않는 힘만을 다루는 것이기 때문이다.

우리는 보 자체에 작용하는 외력과 내력을 분명하게 구분해야만 한다. 예를 들어, 지붕 구조물에 의하여 지붕보에 작용하는 휨모멘트의 크기는 얼마나 될까? 이 휨모멘트는 내력에 관한 내용에서 설명되어질 것이다.

(1) 작용력

구조 요소에 영향을 미칠 수 있는 모든 힘을 작용력이라고 부른다. 작용력은 일반적으로 다양한 원인을 갖고 있는 힘들이다. 구조 요소에 영향을 미치는 힘은 역학적으로 주로 하중으로 부른다.

하중
Loads

하중은 외부로부터 구조적 요소에 영향을 미친다. 우리는 그러한 하중을 구분하고 반작용하는 힘을 설명한다. 하중은 다양한 범주로 구분된다. 우리는 하중을 역학 시스템에서 축약되는 정도에 따라서 점, 선, 면하중으로 구분한다. › 그림 4

고정하중
Permanent loads

활하중
Working loads

또 하중이 작용하는 기간에 따라서 지속적인 힘, 변동하는 힘, 일시적인 힘으로 구분할 수 있다. 지속적인 힘은 구조재의 중량을 포함하여 고정하중이 된다. 그 밖에 작용하는 힘은 풍하중, 적설하중, 수압 등을 포함한다. 이러한 하중은 건축물의 의도된 용도를 위하여 기준에 맞게 계획되어야 한다. 가장 중요한 것은 바닥면에 미치는 수직으로 작용하는 하중이다. 공간이 주거, 오피스, 미팅룸 혹은 다른 용도로 사용되든, 각 용도는 면하중으로 작용하는 적절한 하중 값이 주어져야만 한다. 크게 보면, 수평으로 적용되는 하중도 고려되어야 한다. 운송기관에 의하여 생기는 레일, 패러핏, 제동, 가속력, 충돌, 게다가 기계들의 동적인 하중, 지진 하중을 고려하는 것이다. › 부록 참조

(2) 가정 하중

정적 구조체계를 통해 어떻게 구조가 기능하는가를 설명하고 나서 다음 단계는 작용력을 결정하는 것이다. 모든 작용하는 힘은 구체적으로 구분하고, 그 값을 결정하고 총합을 구해야만 한다. 일반적으로 구조 요소의 길이 혹은 면적에 관계한다. 사면으로 작용하는 경사력은 대개 수평력과 수직력으로 나누어질 수 있다.

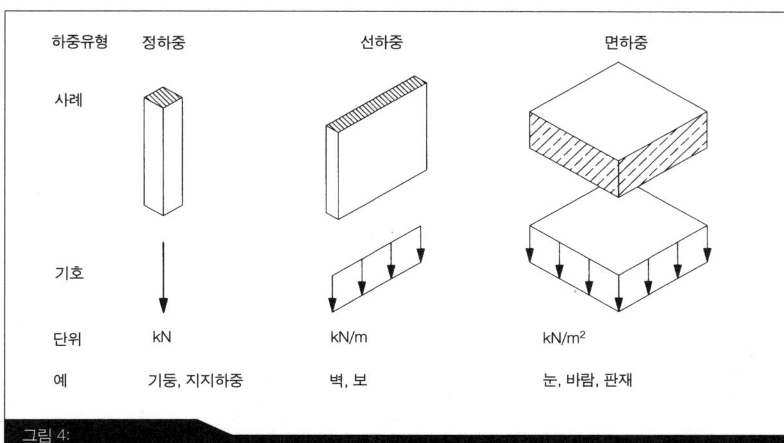

그림 4:
하중의 유형: 점, 선, 면 하중

수직하중, 수평하중
Vertical load
Horizontal load

연산을 위하여 우리는 수직하중과 수평하중, 비틀림 모멘트 등으로 구분해야만 한다.

하중흡수면적
Load absorption area

하중을 흡수하는 면적은 구조요소에 작용하는 하중을 위하여 특별한 참조면적을 결정하고 묘사해야한다. 특정한 구조적 요소로 전달되어 사라지는 하중들을 가진 면적을 모두 종합해야한다. 그것은 구조의 성질과 구조재의 길이에 연관이 있다.

사례 : 목재 가구구조의 바닥면의 보는 80cm 간격이다. 하나의 개별적인 보에 작용하는 바닥면의 면적은 얼마인가? 하중을 흡수하는 면적은 나란히 있는 좌측 보의 중심에서부터 우측 보 사이의 중심까지의 면적이다. 각각 40cm. 그러므로 모든 면적은 80cm 폭을 갖는다. › 그림 5 간단한 사례이므로 확인하여보자. 하중흡수면적은 특별한 구조적 요소들에 의하여 더욱 복잡해질 수 있다.

\\ 중요:
평방미터당 구조적 요소에 수직으로 작용하는 하중 : 사하중, 바닥면과 계단 그리고 발코니 등에 작용하는 힘이다.
수직으로 평방미터당 작용하는 힘 : 설하중
구조 요소의 표면에 수직으로 작용하는 힘 : 풍하중
대체적으로 수평으로 작용하는 힘 : 운송수단의 레일, 패러핏, 제동, 가속력, 충돌, 기계들의 동적인 하중, 지진 하중

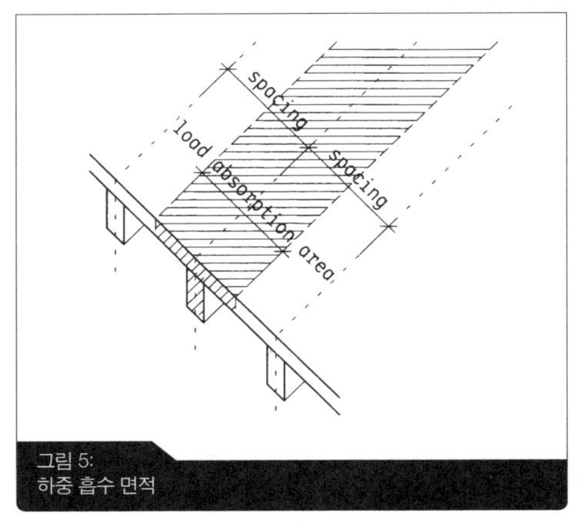

그림 5:
하중 흡수 면적

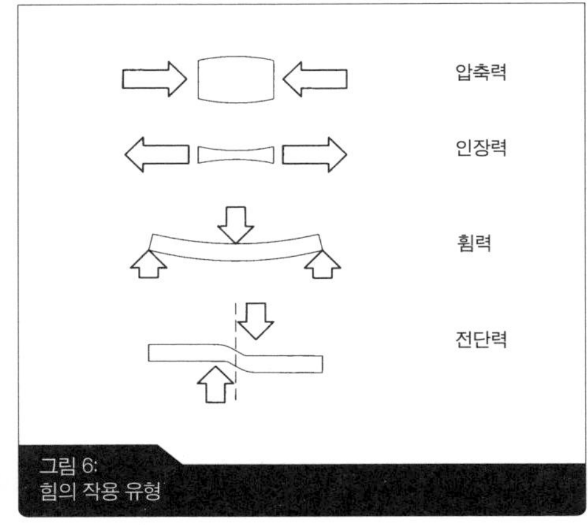

그림 6:
힘의 작용 유형

(3) 힘이 작용하는 형식

하중과 그 하중의 크기를 고려한다면, 어떻게 하중이 혹은 더욱 일반적으로 힘이 구조 요소에 작용하는가가 중요하다. 여기에 우리는 다음과 같은 힘으로 구분한다.

_압축력 Compression : 하나의 석재 위에 다른 석재가 있을 경우 상부의 석재는 하부에 압축력을 발생시킨다.

_인장력 Tension : 당겨지는 힘들을 흡수하고 있는 로프에서 인장력은 가장 분명하게 설명된다.

_휨력 Bending : 보는 양 단부에 고정되고 상부의 하중을 받는다. 그러므로 중간부는 굽어 처진다. 그러한 힘이 휨력이다.

_전단력 Shearing : 전단력은 전단력으로 종이를 자르는 가위의 양 날에 의하여 설명할 수 있다. 두 날의 힘은 서로 다른 방향으로 엇갈려 작용하고 구조재에 가로축으로 작용한다. 이러한 힘은 스크루와 같은 기구가 작동하는 것처럼 보일 수 있다. 〉그림 6

(4) 지지점

힘이 전달되는 구조 요소들 사이에 접촉 지점을 지지점이라 한다. 쉬운 예는 조적조에 지지되는 천정 보이다. 보는 벽체의 상부에 지지점을 갖는다. 건축물에서 지지점의 개념은 다소 광범위하다. 그리고 구조 요소들 사이에는 여러 지지점들이 있다. 깃대는 땅에 고정되어 있다. 혹은 강철 보는 강철 기둥에 연결된다. 이 모두는 지지점이다. 구조 공학에서 보자면, 지지점은 힘을 전달하고 소멸시키

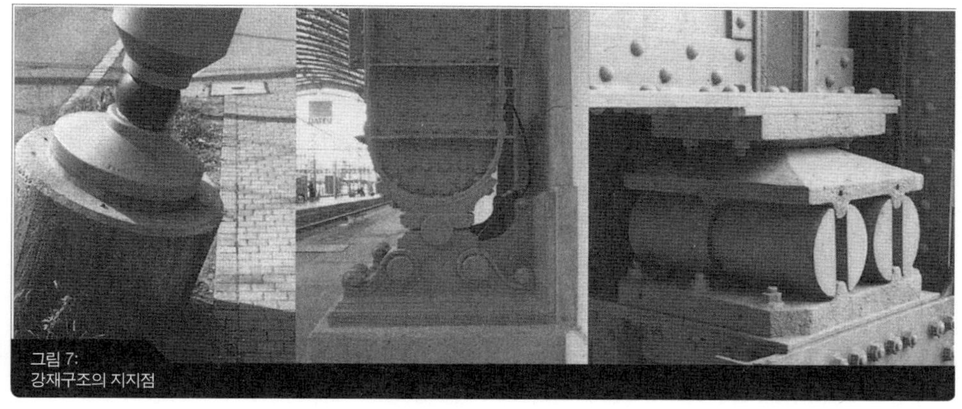

그림 7:
강재구조의 지지점

는 위치이므로 매우 다양하게 나타난다. 오래된 철교에서 보자면, 지지점들은 서로 다른 형식을 갖고 있음을 쉽게 확인할 수 있다.

거대한 다리의 상판은 매우 작은 지지점들 혹은 단면이 작은 조각들로 지지된다. 즉 보의 교량이 지지점으로부터 어떠한 단절도 없이 힘의 방향을 바꾼다. 이러한 지지점은 회전단 지지점으로 불린다. 이러한 지지점은 다리의 한 쪽 지점에 사용된다. 다리의 다른 한편은 강철 회전체에 의하여 지지된다.

신축 베어링
Expansion bearings

다리의 상판은 열기에 의하여 팽창한다. 지지점들은 롤러와 함께 팽창하는 차이를 보완하기 위하여 길이 방향으로 움직인다. 이러한 종류의 베어링은 다리에 영향을 미치는 수직적인 힘을 흡수한다. 그러나 온도 변화에 의하여 일어나는 팽창으로 시작되는 수평적인 힘에 저항하지 않는다. 베어링은 교량이 서로 팽창하여 반동하는 것을 막지 않고 작동한다. 이러한 이유로 이동단 혹은 신축 베어링 expansion bearings으로 부른다.

고정 베어링
Fixed, articulated bearings

이러한 지지점은 롤러 위에 있지 않다. 그러므로 수평적인 힘을 수직적인 힘과 함께 전달한다. 이 지지점은 고정 베어링 fixed bearings 혹은 간단히 회전단으로도 부른다.

구속단
Restraint

위에서 언급한 땅위에 고정된 깃대에는 어떠한 일이 일어날까? 깃대의 기초부는 수직적인 힘과 수평적인 힘을 땅으로 전달한다. 그러므로 깃대가 기울어지지 않도록 잡고 있다. 지지점 주변에는 회전하려는 움직임이 생긴다. 이러한 종류의 지지점은 구속단 restraint으로 부른다. 〉그림 8

단순 지지단은 힘은 한 방향으로만 전달한다.

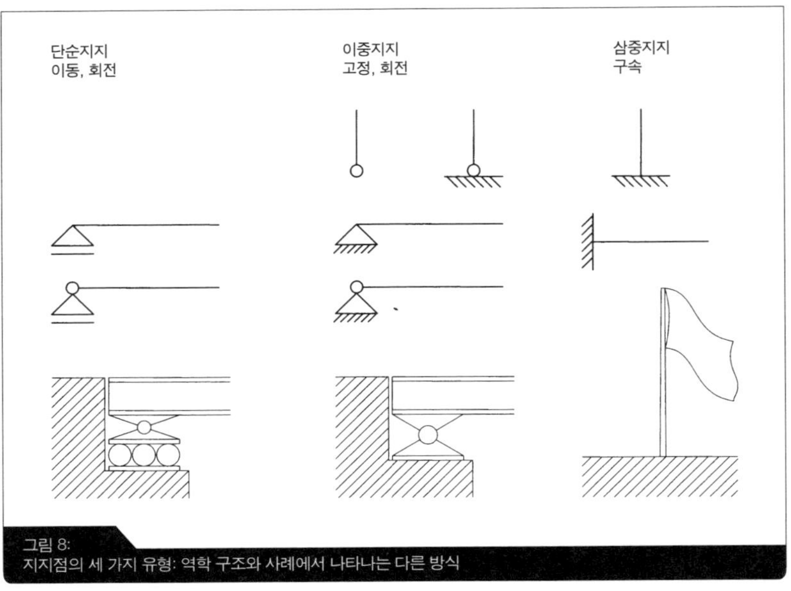

그림 8:
지지점의 세 가지 유형: 역학 구조와 사례에서 나타나는 다른 방식

_ 이동단은 미끄러지며 힌지로 접합된다.

_ 이중 지지단은 힘을 여러 방향에서 흡수한다. 고정되어 있으나 회전한다.

_ 구속단은 여러 방향의 힘을 모두 흡수 할 수 있다. 또한 회전력 역시 흡수한다.

지지점을 정확히 선택하는 것은 매우 중요하다. 그러므로 구조시스템에서 제시되어야 한다. 〉 구조 시스템을 참고

(5) 지지력

하나의 보가 조적조 위에서 스프링에 의하여 지지되고 있다고 가정해보자. 스프링은 보로부터 전달된 하중에 의하여 압축력을 받고 반력을 생산할 것이다 그래서 하중은 다시 보로 전달되는 반력을 만든다.

지지 반력
Support reaction

이러한 힘을 지지 반력이라고 한다. 〉 그림 9 만약 보가 움직이지 않는다면, 스프링의 반력은 보에 의하여 생산된 힘과 동일하다. 쉽게, 작용한 힘과 반력은 일치한다. 〉 그림 10. 그러한 현상을 지지점을 제공하는 조적조에서 발견할 수는 없다. 그러나 스프링과 같이 압축되는 경우 반력을 일반화할 수 있다.

구축물을 계산할 때, 지지점 위에 올려지는 구조적 요소들이 미치는 힘의 크기를 알 필요가 있다. 그러므로 지지력은 언제나 하중을 조사하여 얻는다. 위에

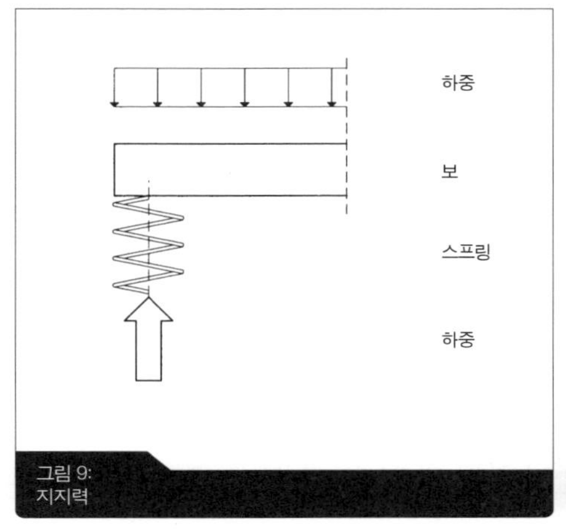

그림 9:
지지력

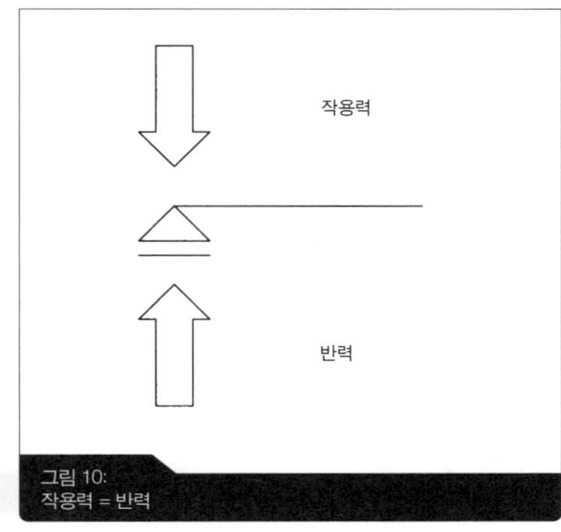

그림 10:
작용력 = 반력

언급한 법칙, "작용력 = 반력"을 적용하자면, 다음과 같은 3가지 이론적인 결론을 도출할 수 있다. 각각의 구조적 요소들은 저항력을 계산해내도록 한다. 다음의 세 가지 원리는 정역학 계산을 위하여 기본이 되는 원리이다.

평형 조건
Conditions for equilibrium

평형을 위한 3가지 힘의 상태는 다음과 같다. › 그림 11

$$\Sigma V = 0$$

모든 수직적인 하중의 총합은 모든 수직적인 지지력, 즉 반력과 일치한다. 이것은 모든 수직력의 합은 제로다.

$$\Sigma H = 0$$

모든 수평하중의 총합은 모든 수평 반력과 일치한다. 이것은 모든 수평력의 합은 제로다.

$$\Sigma M_p = 0$$

만약 지지력이 지지점 p에서 작용한다면, 지지점 p를 중심으로 시계방향으로 작용하는 힘의 합은 반시계방향으로 회전하는 힘과 일치한다. 이것은 모든 모멘트의 합이 주어진 점에서 제로라는 것이다. 여기에 중요한 것은 모든 힘 혹은 하중은 고정단 주변에 일어나는 비틀림으로 보여질 수 있다. 그러므로 힘을 정의하는데 있어서 회전반경의 크기는 비틀림의 크기를 결정한다. › 힘 참조

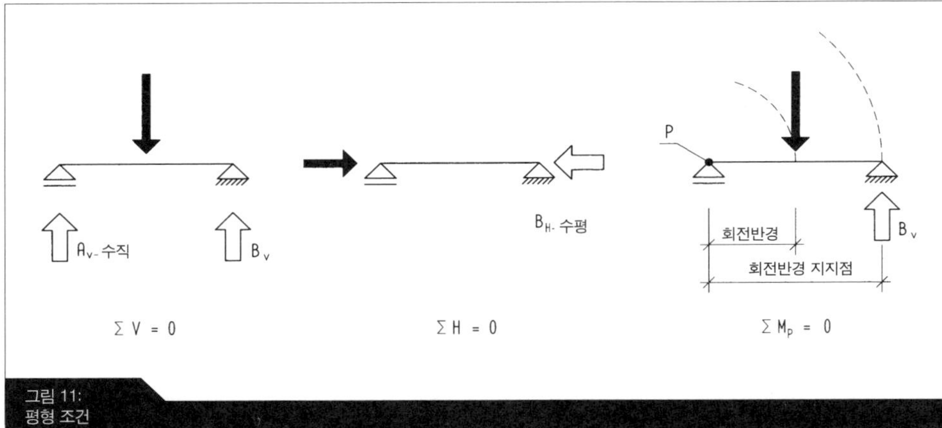

그림 11:
평형 조건

두 개의 서로 다른 지지력을 계산하는 것이 가능한 것은 지지점 주변의 모든 모멘트의 총합을 얻어내는 것이다. 지지점이 비틀림의 중심이기 때문에, 지지력은 어떠한 반경도 갖지 않으며 등식에 따라서 총합은 제로가 된다. 구조 계산에서 모르는 것은 오직 하나다. 그것은 바로 지지력이다. 그리고 그 반력은 쉽게 계산할 수 있다. 그림 11에서 볼 수 있는 보의 중심, 지지점 p 주변의 회전력의 총합은 다음과 같다.

$$\sum \overset{\frown}{M}_A = 0 = A_v \cdot 0 + F \cdot l/2 - B_v \cdot l \rightarrow B_v = \frac{F \cdot l}{l \cdot 2} \rightarrow \quad B_v = F/2$$

보의 중심에 작용하는 하중은 지지점으로 반씩 분산된다. 이러한 결론은 아무 계산도 하지 않고 알 수 있다.

모든 계산을 위하여 결정되어야 하는 기본적인 법칙은 평형을 이룬다는 것이다. 모든 힘의 표현은 화살표로 표현되어야 한다. 화살표는 작용하는 힘의 방향을 보여준다. 이 경우에 우측으로 회전하는 힘은 실제 작용력이다. 그리고 좌측으로 작용하는 힘은 반력으로서 표현된다.

1.5 내력

이제 구조 부재에 충격을 가하는 힘과 그 힘에 대한 반력으로서 지지점에서 생산되는 힘에 관하여 생각해보자. 우선 외력 external forces이 있다. 외력이라고 부르는 이유는 구조 요소 자체는 고려되지 않기 때문이다. 구조요소 자체에 일어나는

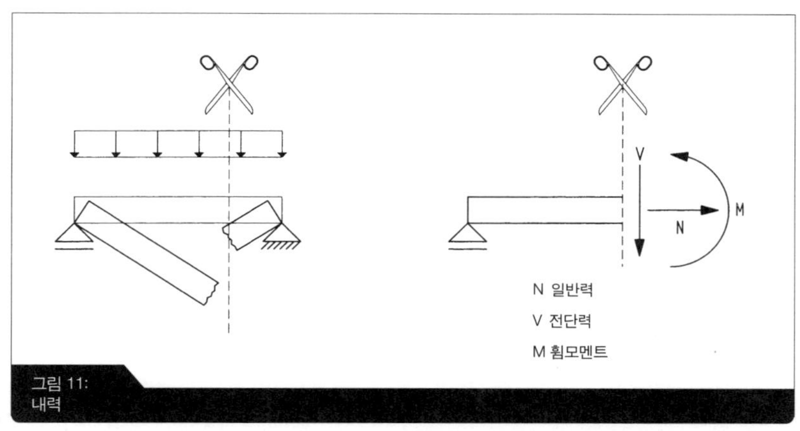

그림 11:
내력

것 혹은 다른 방식으로 일어나거나 구조 요소 내부에서 영향을 미치는 힘을 무엇이라 하는가? 이 힘을 이해하기 위하여 두 지점으로 지지되는 보를 상상하자. 이 보를 임의 지점에서 잘라보자. 어떠한 일이 일어날까? 붕괴될 것이다. 어떠한 방식으로도 지지될 수 없고 스스로도 버티지 못한다. 이제 중요한 물음은 보가 붕괴되지 않도록 이 절단면에 영향을 미치고 있는 힘이 무엇인가이다. 혹은 내적인 힘의 균형을 이루기 위하여 필요한 힘들은 무엇인가 하는 것이다.

여기에 위에서 언급한 평형 상태가 필요하다. 그 평형은 내적인 힘과 외적인 힘 사이에도 동일하게 적용된다. 절단면으로부터 보의 끝단부로 작용하는 외력은 단부에 작용하는 외력과 동일한 크기의 반력으로서 내력과 같은 크기를 갖는다. 단부에서의 외력과 내력은 동일하다. ›그림 12

내력
Internal forces

외력이 수직력, 수평력 그리고 회전력으로 구분되듯이, 내력은 일반력 normal forces, 전단력 shear forces, 휨모멘트 bending moments로 구분된다. 그리고 그 힘들의 방향은 구조체 자체와 관련이 있다.

(1) 일반력

일반력은 구조체의 방향 혹은 구조재와 수직으로 작용하는 힘을 말한다. 일반력을 도해하는 첫 번째 예와 같이 고리에 걸려 매달린 로프에 작용하는 힘이 있다. 중량은 로프에 전달된다. ›그림 13 중량은 하중이 된다. 이때 고리는 지지점에 반력을 만든다. 이러한 힘은 외력이 된다.

인장력
Tensile force

로프의 자체 중량은 제쳐두고 동일한 인장력이 로프의 모든 지점에서 발생한다. 그것은 로프가 길고 짧고는 아무런 상관이 없다. 그러므로 동일한 일반력은

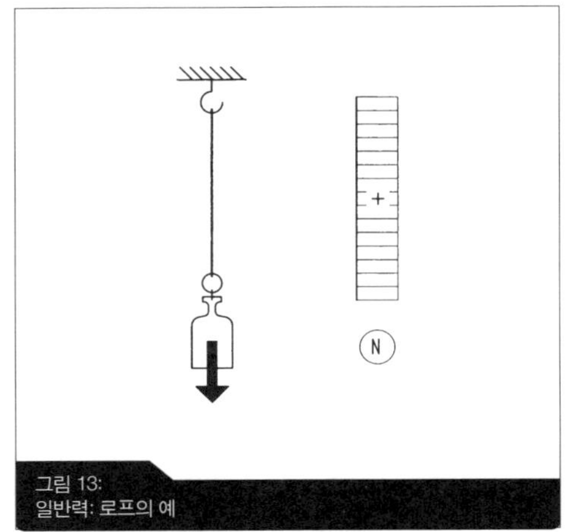

그림 13:
일반력: 로프의 예

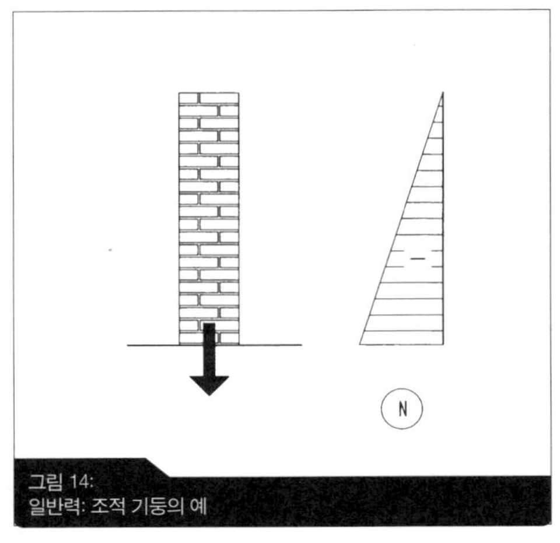

그림 14:
일반력: 조적 기둥의 예

로프의 모든 지점에서 작용한다. 그리고 그 크기는 매달려 있는 추의 중량에 의하여 결정된다.

힘의 길의 방향으로는 두 개의 힘이 생겨난다. 압축력 pressure과 인장력 tension이다. 자유롭게 서 있는 조적기둥을 보자 〉그림 14 기둥의 사하중이 유일한 하중이다. 벽돌은 매우 무거운 재료이다. 기둥의 바닥에 기초부분에서 일어나는 지지점의 반력을 계산하는데 어려움은 없다. 기둥 자체에는 어떠한 일이 일어나는가? 가장 상부의 석재는 어떠한 다른 하중도 받지 않는다. 그러므로 아무런 일반력도 이 지점에서는 발생하지 않는다. 두 번째 벽돌에는 상부의 벽돌에서 생기는 하중을 받는다. 그러므로 두 번째 벽돌은 상부의 벽돌로부터 작은 일반력을 받고 그것은 상부의 압축력이다. 압축력은 지점의 상부에 조적된 벽돌의 중량이 커질수록 함께 늘어난다. 그것은 일반력은 기둥의 아래로 갈수록 커진다는 것이다. 〉힘을 참조할 것.

일반력의 크기는 하중을 보여주는 다이어그램으로 쉽게 표현할 수 있다. 두 개의 사례는 일반력의 서로 다른 흐름을 보여준다. 이러한 종류의 다이어그램에서, 인장력은 플러스 +로, 압축력은 마이너스 −로 표현된다. 〉그림 13, 그림 14

(2) 전단력

외력에서 가장 큰 힘은 수직력과 수평력이다. 내력도 동일한 관계를 갖는다. 내력의 방향은 구조 요소들이 어떠한 방향으로 결속되어 있는가와 크게 관계한다. 길이방향으로 영향을 미치는 인장력과 압축력은 일반력으로 정의되는 것처럼, 이 힘을 가로질러 작용하는 모든 힘은 전단력으로 이해된다. 이 힘들은 일반

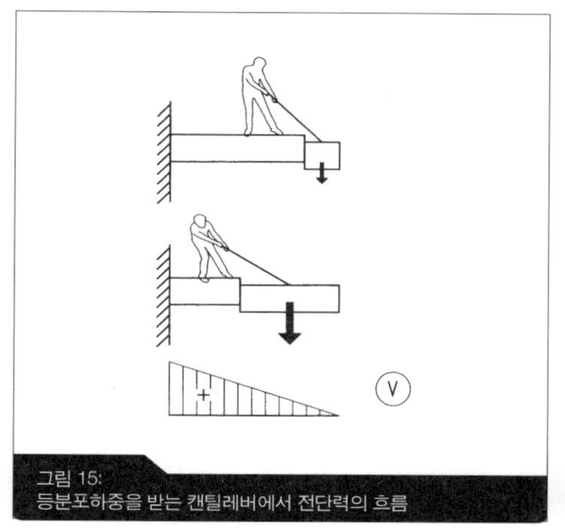

그림 15:
등분포하중을 받는 캔틸레버에서 전단력의 흐름

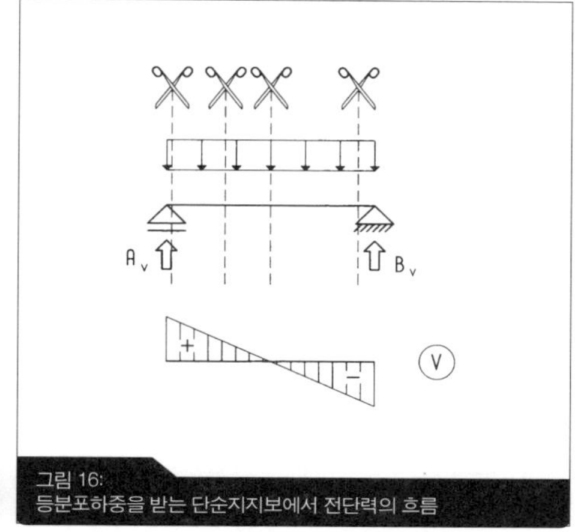

그림 16:
등분포하중을 받는 단순지지보에서 전단력의 흐름

력처럼 이해하기가 쉽지 않다. 그리고 휨모멘트와 분명하게 구분하여야 한다. 휨은 다음에 설명할 것이다.

캔틸레버보
Cantilever arm

전단력의 영향은 캔틸레버보를 예로 들 수 있을 것이다. 그림 15는 벽에 한 쪽 지점이 고정되어 있는 보를 보여준다. 이러한 종류의 보는 캔틸레버보라고 한다. 이 보는 발코니의 부분일 수도 있고 사하중에 의하여 등분포된 하중으로 힘을 받는다. 이 보를 단부 가까이에서 절단한다면 단면은 등분포를 갖는 하중의 힘으로 낙하할 것이다. 이 때 구조제의 축 방향을 가로질러 작용하는 힘이 있다. 그러므로 이 힘은 전단력을 만든다. 더 큰 부분으로 덩어리를 잘라내면 절단 지점에서 축방향에 경사지게 작용하는 더 큰 등분포 하중을 흡수해야만 한다. 그러므로 전단력은 더 큰 덩어리에 더 크게 작용한다. 전단력은 고정단의 지지점에 가까워질수록 모든 절단면에서 증가한다. 전단력은 자유단에서 고정단 쪽으로 증가한다. 그러므로 고정단 지점의 지지력은 이 전단력 전체에 동일 크기로 작용하여만 할 것이다.

단순지지보
Supported beam

그림 16은 두 지지점을 갖는 보이다. 등분포하중을 갖는 단순지지보이다. 힘을 이해하기 위한 단순한 형태는 전단력의 흐름을 보여주는 다이어그램이다. 보를 외쪽에서 오른쪽으로 연속적으로 절단하여 절단한 단부의 왼쪽 단면에 가해지는 전단력을 보여주는 것이다. 그리고 외력이 절단면 왼쪽면에 어떻게 가해지는가를 볼 수 있다.

첫 번째 흥미로운 것은 절단면의 좌측면에 가해지는 우측 방향으로의 지지력이다. 단면에는 어떠한 일이 일어나고 있는가? 지지점에서 발생하는 지지력은 구조부재의 축방향을 가로질러 위쪽으로 발생한다. 그러므로 전단력은 지지력에 상응한다. 만약 우측으로 더 많은 단면을 만들어 나간다면, 선으로 보여지는 힘은 방향을 바꾸어 아래로 향한다. 이 다이어그램, 전단력도는 바로 전 단면의 결과에 비례하여 전단력이 준다는 것을 보여준다.

이제 중간 지점을 절단하자. 어떠한 힘이 좌측 단부로부터 절단면에 이르는 구조 요소들을 가로질러 작용하는가? 우선 첫 번째로 위로 향하는 지지력이다. 그리고 좌측 단부에서 중심까지 작용하고 있는 구조제 단부의 분포된 하중이다. 그러므로 전체 부재의 분포된 하중의 절반이 영향력을 미친다. 이와 같은 대칭적 시스템에서는 각각의 지지점에서 분포하는 하중의 절반씩을 흡수한다. 이러한 경우 전단력은 보의 중심에서 제로가 된다.

만약 우리가 다른 절단면을 우측으로 잘라낸다면, 선하중의 더 큰 부분이 작용한다. 결과적으로 우측부분으로 갈수록 전단력은 더 커진다. 좌측 지지점의 바로 앞쪽 절단면에서 거의 모든 분포하중이 작용한다. 이 힘은 좌측의 지지점의 지지력을 거의 모두 흡수한다. 그리고 결론적으로 힘의 총합을 제로로 만들어 내는 것은 우측에 생성되는 지지력이다.

만약 보의 우측 단부가 좌측 단부 대신에 고려된다해도 결과는 마찬가지다. 그러므로 하부 시스템이 어떠한가는 상관없이 보의 모든 지점에서 평형상태를 이루어야 한다.

(3) 휨모멘트

모멘트의 효과는 이미 외력에서 설명했다. 여기에 모든 영향력을 미치는 힘들은 고정단 주변으로 회전하게 된다. 그 크기는 힘에 회전 반경의 곱으로 구해진다. 〉힘과 외력을 참조할 것. 지지력은 외력에 대하여 반응한다. 반면에 보의 중간에 작용하는 힘은 내적 모멘트가 중요하다.

내부 모멘트는 보가 휘도록 한다. 휨은 많은 구조 부재들에서 분명하게 규정해야하는 중요한 하중이다. 역학 계산을 할 때, 얼마나 큰 휨모멘트가 보의 모든 지점에서 발생하는가를 확인할 필요가 있다. 이것은 휨모멘트도에서 확인할 수 있다. 그러므로 휨모멘트도는 휨 하중 아래에서 구조 부재에 꼭 필요한 요소이다. 내부 모멘트와 휨 사이에는 직접적인 연관이 있다. 이러한 연관은 캔틸레버보를 사용하는 경우에 분명하게 설명될 것이다. 캔틸레버보가 등분포하중을 받는다면 어떻게 변형되는가? 하중은 보가 아래 방향으로 휘도록 유도한다. 〉그림 17

여기에 휨을 통하여 일어나는 변형은 보가 상부에는 더 길고 하부는 짧아지

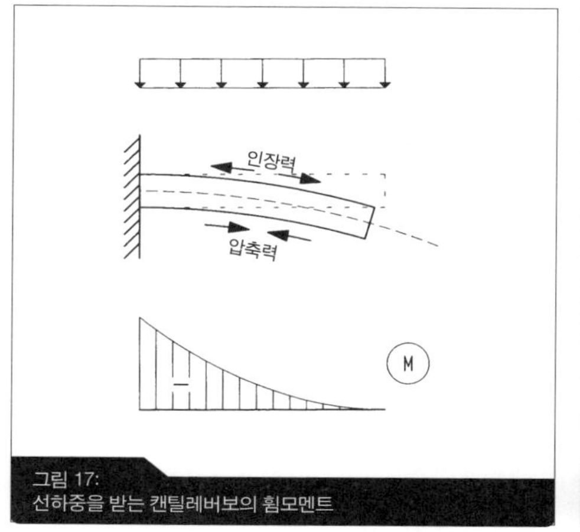

그림 17:
선하중을 받는 캔틸레버보의 휨모멘트

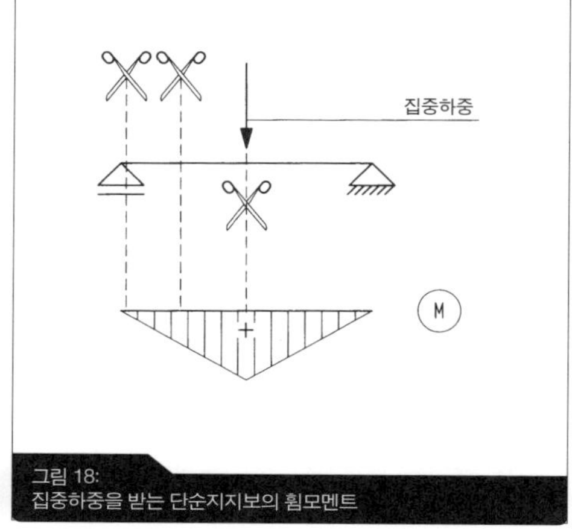

그림 18:
집중하중을 받는 단순지지보의 휨모멘트

게 된다는 것을 의미한다. 그러므로 이러한 변형은 끌어당겨지는 위쪽 부분에 인장력을 발생시킨다. 그리고 바닥면에는 구부러지면서 압축력을 받는다. 이러한 인장은 내력으로서 작용하는 하중에 반동하여 생성된다.

그러므로 휨 자체는 내적 모멘트를 발생시킨다. 모멘트의 크기는 외력의 크기와 회전반경의 길이에 비례한다. 캔틸레버보에서는 자유단으로 낮은 회전반경의 힘들이 분포하게 된다. 보에는 낮은 하중이 가해진다. 모멘트는 결과적으로 작다. 그러나 고정단부에는 전적으로 모든 하중이 영향을 미친다. 더 큰 회전 반경을 갖는다면, 모멘트는 더 커질 것이다. 〉 그림 17

단일한 하중을 받는 단순지지보는 아래로 쳐진다. 그러므로 캔틸레버보와는 달리 보는 상부에는 축소되어 부서지고 하래부분에는 당겨져 늘어난다. 여기에서 휨은 캔틸레버보와는 다른 방향으로 작용한다. 단순지지보는 어떻게 힘을 전달하는가? 여기에 사례가 있다.

지지력은 좌측의 지지점의 우측면에 영향을 미친다. 그러나 그 힘은 회전반경을 갖지 않는다. 그러므로 휨모멘트는 제로이다. 지지점으로부터 거리를 늘여가면 회전반경이 증가하면서 힘은 증가한다. 그리고 모멘트의 증가는 직선적이다. 이러한 사실은 단일 하중이 부가되는 지점에서 일어난다. 이 지점의 우측으로는 증가하는 회전반경에 의한 힘으로 단일하중이 지지력에 저항하여 작용한다. 그리고 휨력은 두 번째 지지점에서 제로가 될 때까지 축소된다. 이러한 실험은 왼쪽 방향으로 혹은 오른쪽 방향으로 모두 수행될 수 있다. 그 결과는 둘 모두 동일하게 나타난다. 〉 그림 18

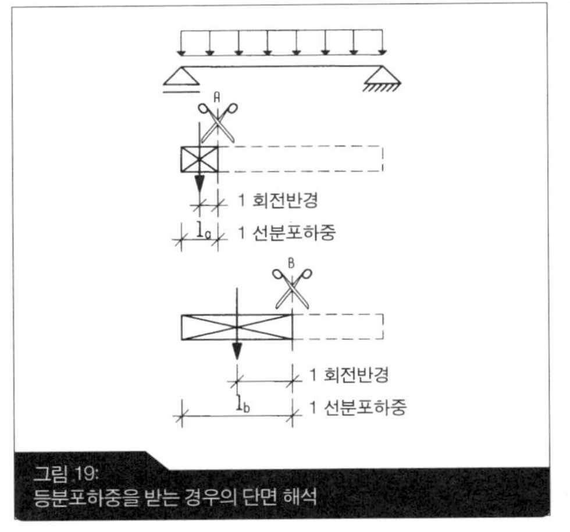

그림 19:
등분포하중을 받는 경우의 단면 해석

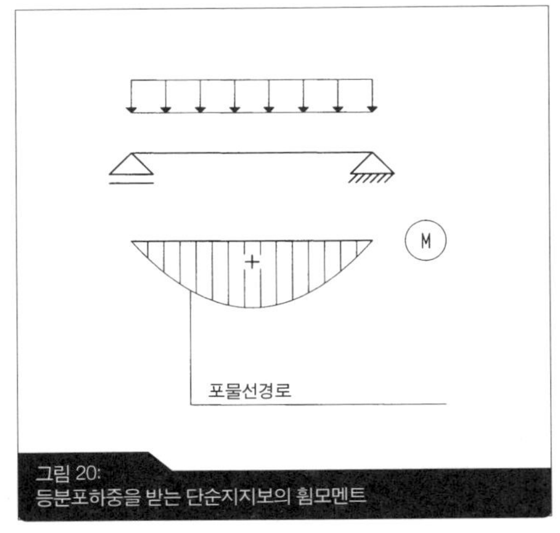

그림 20:
등분포하중을 받는 단순지지보의 휨모멘트

$R = \frac{q \cdot 1\ [kN \cdot m]}{m}$

만약 자중이 아니라 힘 p가 선으로 작용한다면 힘의 흐름은 어떻게 변화하는가? 분포된 하중은 결과적으로 단일한 하중이 집중되는 것으로 종합된다. 이 하중은 분포된 하중의 중력 방향으로 선으로 작용한다. 이렇게 작용하는 힘의 크기는 그 힘이 작용하는 거리에 단위면적당 힘을 곱하여 계산한다.

휨모멘트를 계산하기 위하여 다양한 절단면에서 일어나는 최종 개별 하중과 그 하중의 회전 반경이 분명하게 결정되어야 한다. 〉그림 19 증가분에 대한 지지력에 대응하여 구조부재는 평형상태를 만든다. 최종 휨모멘트도는 포물선을 이룬다. 분포 하중이 갖는 크기와 분포하중이 작용하는 회전 반경이 동시에 고려된다.

분포하중의 모멘트 : $M_A = q \cdot l \cdot l/2 \rightarrow M_A = \frac{q \cdot l^2}{2}$

지지점은 휨모멘트도에 있어서 중요하다. 휨력은 양쪽으로 제로가 된다. 어떻게 이러한 작용을 설명할 것인가? 만약 지지점에서 절단하고 지지점 방향으로 힘을 파악한다면 ? 〉그림 19 부재는 그 곳에서 측정할 만한 길이가 존재하지 않기 때문에 어떠한 힘도 회전반경을 가질 수 없다. 우리는 사실상 점만을 파악하게 된다. 말하자면, 휨은 모멘트에 저항할 수 있는 고정단 보의 단면을 요구한다. 그러나 절단점이 회전 조인트 articulated joints로 이루어져 있다면 이러한 상황이 적용되지 않는다. 회전 조인트는 힌지로 지지된다. 예를 들어 체인은 많은 수의 회전 조인트의 결합으로 이루어진다. 그러므로 휨을 흡수할 수가 없다. 그러므로 우리는 중요한 원리를 하나 발견한다. 회전 조인트 혹은 힌지에서 휨모멘트는 제로가 된

다. 〉그림 20

최대 모멘트
Maximum monent

이 예에서 최대 모멘트 보 스팬의 한 가운데에서 생성된다. 하중을 지지하기 위하여 보는 최대 모멘트에 저항할 수 있어야만 한다. 일반적으로 구조 요소의 치수를 결정할 때, 최고 모멘트의 위치, 크기, 휨이 분명하게 결정되어야 한다.

큰 스팬의 보의 크기를 세심하게 계획할 때, 최고 모멘트만 중요한 것은 아니다. 휨모멘트도에 따라서 적절한 보의 단면을 채택하기 위하여 재료적인 측면에서도 효율적이어야만 한다. 다르게 말하자면 보의 형상을 결정하는 것도 중요하다. 보의 형상은 모든 지점에서 휨모멘트에 효율적으로 정확하게 견뎌낼 수 있도록 치수가 결정되어야만 한다. 이러한 이유로 건축가는 하중에 적절하게 고려된 보의 휨모멘트도를 결정할 수 있어야만 한다.

(4) 내력의 상호관계

3개의 다른 내력들은 위에서 소개하였다. 하중을 지지하는 구조를 계산할 때, 모든 내력을 분명히 결정하는 것이 필요하다. 그래야만 구조 부재가 모든 힘들을 감당할 수 있도록 치수를 결정할 수 있기 때문이다.

전단력과 모멘트는 매우 밀접하게 연관되어 있다. 두 힘은 동일한 하중에서부터 생겨난다. 두 힘은 서로 상대방의 힘으로부터 추론할 수 있다. 예를 들어 길이 방향의 구조재 주변으로 작용하는 힘이 없다면, 전단력의 크기는 변화하지 않는다. 즉 지속된다. 그러나 모멘트는 가해지는 힘과 회전반경의 곱으로 결정되므로 하중이 전달되지 않는 면적에 일어나는 크기의 변화분은 직선적 비례를 이룬다. 만약 하중이 특정한 장소에 불확실하게 작용한다면, 최종 모멘트의 변화 크기는 하중이 작용하는 지점과의 거리에 비례한다. 전단력의 작용방향과 휨모멘트도의 상호관계는 절대적이다. 〉그림 21

특별히 다음과 같은 관계는 역학계산에서는 매우 중요하다. 만약 힘의 전달을 비교하자면, 전단력은 최고 모멘트 지점에서 서로 합하여 제로가 된다. 이것은 매우 중요한 결론이다. 왜냐하면, 최고 모멘트의 위치는 전단력의 전달로부터 확인될 수 있고 그리고 나서 이 지점에서 연산을 해야만 하기 때문이다. 〉그림 21 그림 22

간단한 실험으로, 전단력의 전달과 휨모멘트도를 결정하는 것이 가능하다. 그림 23은 일반적인 하중 유형에 대한 적절한 힘의 전달을 보여준다.

1. 구조부재를 따라서 어떠한 힘도 작용하지 않는다면, 전단력의 전달은 항상 고정적이며 휨모멘트도는 직선이 된다.
2. 단일한 선으로 나타나는 힘은 전단력의 단절지점을 만들고 휨모멘트도

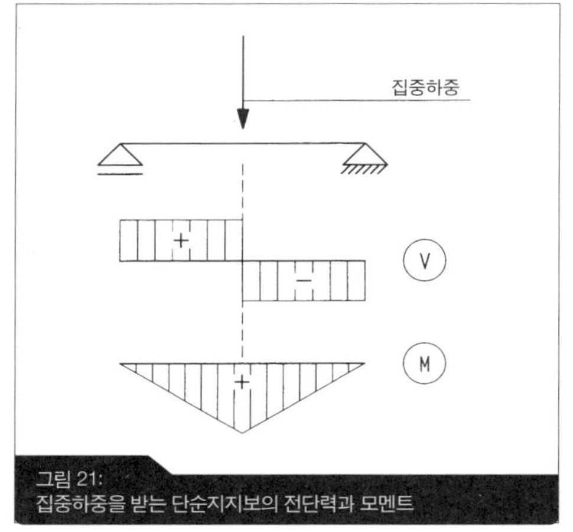

그림 21:
집중하중을 받는 단순지지보의 전단력과 모멘트

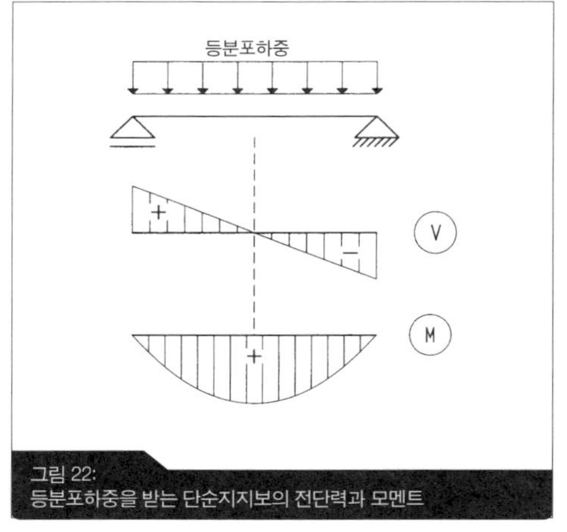

그림 22:
등분포하중을 받는 단순지지보의 전단력과 모멘트

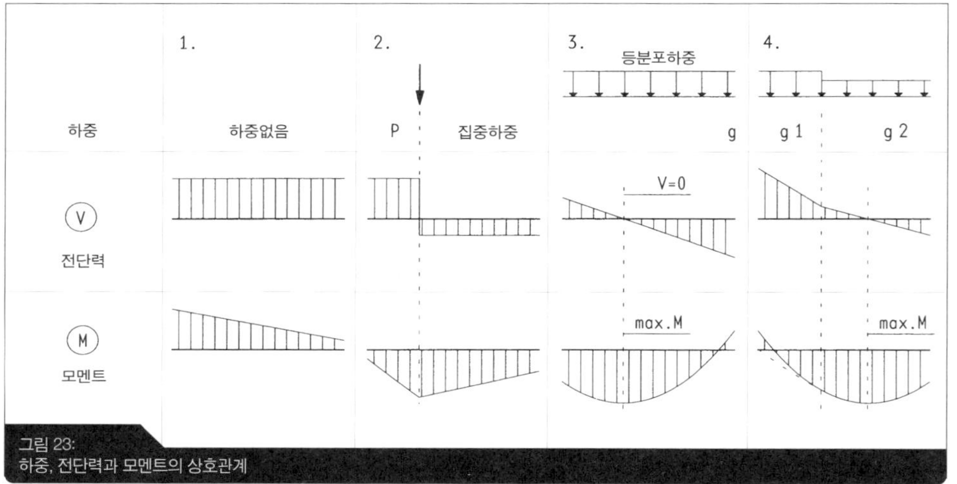

그림 23:
하중, 전단력과 모멘트의 상호관계

의 구배는 꺾인다.

3. 등분포하중에 있어서 전단력의 분포는 천천히 경사를 가진 직선이 되며 휨모멘트도는 포물선이 된다.
4. 수평력의 전달에서 꺾인 점을 만들어 내는 등분포하중에서의 지점은 휨 모멘트도의 두 개의 포물선이 서로 다른 곡률로 동일한 기울기에서 만나게 된다. 그러므로 1항과 2항은 상세하게 보자면 그림 21에서와 같은 결과를 확인할 수 있다. 반면 그림 22는 3항의 결과를 보여준다.

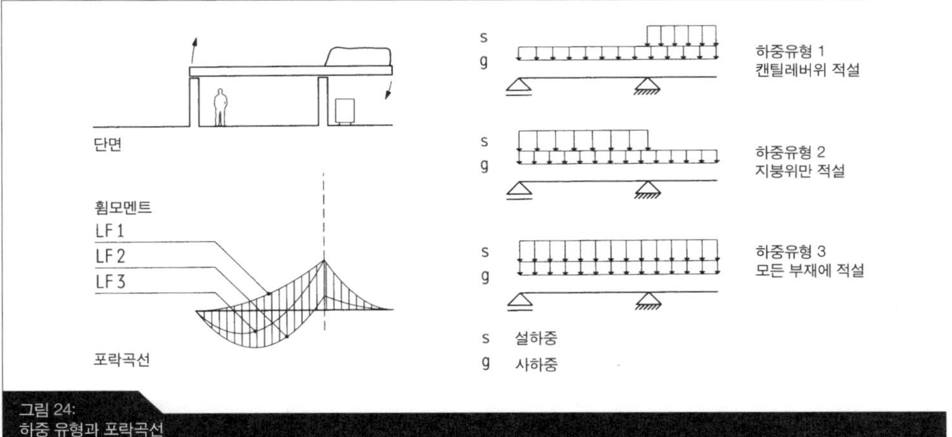

그림 24:
하중 유형과 포락곡선

(5) 하중 형태

실제로 많은 하중이 서로 겹쳐서 나타난다. 최고 하중에 대하여 구조부재의 치수를 결정하기 위하여 여러 하중은 합산되어 구조계산에 적용된다. 그러나 최고 하중으로부터 위험치를 얻어내지 않는 경우도 있다. 내력을 위한 최고 하중 값은 치수결정을 위하여 매우 중요하지만 동시에 다른 하중이 부과될 경우도 고려해야 한다. 이러한 여러 경우의 하중 계산을 위한 방식을 하중 형태라고 한다.

다음의 예를 보자. 다양한 재료를 보관하기 위하여 외부로 돌출된 캐노피를 갖고 하나의 평보를 가진 지붕으로 된 상점이 있다. 겨울에 매우 많은 눈이 왔다면, 그리고 상점은 잘 난방 되고 지붕은 거의 그다지 단열이 좋지 않다고 하자. 지붕에 쌓인 눈이 녹아내릴 것이고 난방되지 않는 공간으로 흘러내릴 것이다. 눈은 오로지 캐노피 부분에만 남는다. 이러한 하중은 지붕을 높게 세워야하는 위험을 높인다. 그리고 벽체 위에 돌출된 지붕보까지 하중이 전달된다. › 그림 24

이러한 위험을 피하기 위하여 구조기술자는 건축물 전체에 미치는 설하중을 계산해야만할 뿐 아니라 캐노피부분에 작용하는 설하중도 계산해야만 한다. 각각의 하중 계산은 각각 다른 위험을 대비한 것이다. 첫 번째 단계는 어떠한 하중 형태 혹은 하중의 종합이 가능하가를 결정해야만 한다. 그리고 합산한다. 만약 서로 다른 하중 형태의 휨모멘트도가 각각 그려진다면 그 다음에는 각 지점에서 가능한 최댓값을 얻게 되고 그것은 다이어그램을 통하여 구체화된다.

포락곡선
Envelope curve

이 도해는 포락곡선 envelope curve으로 부른다. 그 극한치는 각 지점에서 매우 중요한 하중 유형을 나타낸다. 그림 24는 스팬에서 + 방향의 모멘트의 최대치가 하중 형태 3번째의 경우에 발생함을 보여준다. 그리고 하중 형태 1과 3의 경우에 모멘트의 – 방향 최대치가 생성됨을 확인할 수 있다.

1.6 치수 산정

구조계산과정은 이미 진행한 설명 과정과 유사하게 진행된다. 구조계산을 통하여 역학적 구조 시스템을 결정한 후 가정 하중을 연산한다. 그리고 나서 외력을 계산하고 그 이후에 건축구조물의 각 부재에 적절한 내력을 계산한다. 우리가 구조 부재에 요구되는 단면을 간단히 해석해 낸다면 근사하겠지만 안타깝게도 그러한 해답은 말처럼 쉽지 않다.

건축물의 모든 부분들은 구조 해석에 포함되어야 한다. 그 자신의 자중은 물론이고 가해지는 하중까지. 다시 말하자면, 모든 구조부재들은 가정하중을 산출하가 위하여 면밀하게 검토되어야 한다. 그래야만 모든 부재의 중량까지 포함될 수 있을 것이다. 만약 구조해석을 통하여, 구조적 요소들 하나하나가 충분한 하중 견뎌낼 수 없다는 것을 밝혀낸다면, 우리는 처음부터 다시 구조해석을 시작해야만 한다. 심지어 모든 작업 과정이 잘못된 것은 아니라 하더라도 면밀한 계획을 통하여 구조해석과 구조계획이 충분히 유리하고 장점을 가지고 있음을 보여주어야 한다.

적어도 구조부재의 치수 결정은 배우 사려 깊게 진행되어야 한다. 이러한 치수 결정은 매우 개략적인 산술식의 도움으로 가늠해 볼 수는 있다. 〉 부록 참고. 개략적인 치수결정의 방정식

(1) 강도

작용하는 힘들이 결정된 후에는 구조 부재의 하중을 감당하는 한계능력에 관심을 가져야만 한다. 이러한 구조적인 수용력은 주로 두 가지 측면에 의존한다. 재료와 부재 횡단면에 의존한다. 구조 실시 설계에 있어서 첫 번째 단계는 재료를 결정하는 것이다. 모든 건축 재료는 나름의 장단점을 가지고 있다. 서로 다른 재료들에 의하여 제시되는 강도 혹은 내구성은 시공 상에서 매우 중요하다. 예를 들어 케이블 구조는 인장력에 잘 견디지만, 압축력은 전혀 작용하지 않는다. 반대로 조적조의 구조는 압축력에 잘 견디지만, 인장력에는 전혀 저항할 수 없다.

목재, 철재, 철근 콘크리트 구조는 압축력과 인장력에 고르게 저항한다. 또한 내력에도 충분히 견뎌낸다. 〉 외력, 힘의 작용 참고

이미 이야기 했듯이 압축력과 인장력은 휨모멘트에 의해서도 생겨난다. 결

론적으로 두 하중에 저항하는 재료만이 휨 하중이 생기는 경우에도 사용할 수 있다.

인장
$\sigma = \frac{F\ [kN]}{A\ [m^2]}$
Robert Hook, 1635-1703

재료들은 힘을 흡수하는 능력이 각각 다르다. 이러한 재료 자체의 속성은 주어진 단위 면적에 대하여 재료 자체가 흡수할 수 있는 힘의 총량으로 표현된다. 즉, 단위 면적 당 강도가 인장력 σ로 표현된다.

내구성의 개념을 이해하기 위하여 후크의 법칙 Hook's Law을 인용해야 한다. 이 법칙은 인장력과 팽창 사이에 탄성적인 영역을 갖고 비례 관계를 가진다는 것이다. 이 법칙은 건축물의 재료에 있어서 무엇을 의미하는가?

모든 재료는 나무, 철재, 철근 콘크리트 혹은 조적조이든 상관없이 필연적으로 탄성력을 갖는다. 구조재는 하중이 가해질 때, 인장이 일어난다. 인장력은 재료를 비례적으로 늘어나게 한다. 그러므로 만약 보에 하중이 가해지면, 보는 휘어지거나 늘어난다. 하중이 배가 되면, 두 배로 변형된다. 다시 하중이 줄어들면, 변형 역시 줄어든다. 이러한 단순한 패턴은 오직 특정한 지점까지만 가능하다. 만약 인장력이 너무 커지면, 재료는 더 이상 탄성적으로 거동하지 않는다. 그러나 유연하게도 지속적인 변형이 일어난다. 바로 이 시점부터 구조 부재는 손상을 입기 시작한다.

만약 그 이상 오래 더 큰 하중이 가해지면, 완전히 파괴된다. 비록 그러한 파괴 상태가 재료마다 다르게 일어나긴 하지만, 파손되기 전, 재료가 얼마나 큰 인장력을 흡수해내는가를 결정하는 값을 계산해 낼 수 있다.

그리고 재료마다 파괴지점은 순수하게 재료 자체의 특성이며 구조 재료의 기하학적 형상과는 큰 관계가 없다. 시공 상에서 가장 중요한 것은 재료가 갖는 최대 허용 응력 값이다. 이 수치는 실제 부과될 수 있는 가장 큰 하중 값보다 더 커야만 안전하다.

허용 인장력
Admissible tension

특별히 재료가 흡수 할 수 있는 허용 인장력은 재료에 대한 다양한 변수들을 고려하여 실험적인 조건에서 결정된다. 이러한 방식으로 결정된 값들은 허용 가능 인장력으로 여겨진다. 그리고 도표로 확인할 수 있다. › 부록 참고

강도 등급
Strength class

덧붙여 모든 재료는 다양한 허용 인장력 내에서 서로 다른 재료 속성을 보여준다. 그리고 재료 나름의 강도 등급strength class을 부여한다. 예를 들어 일반적인 콘크리트 혹은 고강도 콘크리트는 각각 강도 등급에 의하여 구분된다. 구조재의 하중 저항 능력을 실질적으로 확정하기 위하여, 실제의 인장력은 허용 인장력 보다 작아야 한다는 원칙에 따른다.

허용 인장력을 보여주는 표에서 이 수치를 확인할 수 있다. 실질적으로 작

용하는 인장력은 거동의 중요한 부분이다.

구조부재가 하중을 받게 되면, 보통 인장력으로 나타나는 힘은 간단하다. 실재하는 인장력은 구조재의 단면적당 작용하는 힘에 비례한다. 만약 결과가 실재하는 인장력이 허용 인장력보다 작다는 것을 보여주면, 정확하게 구조부재의 치수를 결정한 셈이다.

불행하게도 이러한 단순한 확인 과정은 치수 결정을 위한 중요한 결정 요소일 뿐이다. 사실상 케이블의 경우 인장력만을 견뎌 내는데 이러한 방식으로 필요한 구조치수를 얻는다. 그러나 대부분의 경우 휨 하중은 구조재의 치수를 결정하는 가장 중요한 요소임에는 틀림이 없다.

(2) 모멘트 저항

구조 부재의 적절성에 대하여 확인하는 과정은 허용 인장력 보다 낮은 실질적인 인장력에 근거한다. 이점은 또한 휨 하중에 영향을 받는 부재들에도 적용된다.

응력 분포
Stress distribution

휨모멘트를 설명할 때, 휨 부재는 한쪽 면으로는 인장 응력에 지배 받고 다른 측면에서는 압축 응력에 의하여 영향 받는다. 그러나 이러한 응력들은 얼마나 큰 것일까? 그리고 응력은 어떻게 분포하는가?

이 해답을 얻기 위하여 하중이 작용하지 않는 부재를 고려해 보자. 이 부재는 직선으로 가로지르는 선으로 표기되는 제로 라인(중립선)을 갖는다. 하중이 작용 할 때, 이 부재는 변형된다. 표기된 부재 위에 단면의 윤곽선은 변형에 의하여 사다리꼴이 된다. 그러나 단면의 윤곽선은 여전히 수직을 유지한다. 〉그림 25

확장과 인장이 비례적으로 움직인다면, 그 결과는 응력의 분포로 나타난다. 이러한 인장 응력의 분포는 중심선으로부터 아래 부분 모서리에 주로 작용한다. 이 중심선은 인장력으로부터 벗어나 있으며 그 중심선 위로는 상부 단면의 모서리까지 압축 응력이 작용한다.

중립선
Neutral tension plane

그림 26에서 보는 바와 같이 압축과 인장력의 분포는 삼각형으로 나타난다. 이러한 삼각형의 인장력은 삼각형의 무게 중심에서 즉, 횡단면의 높이에 2/3 지점 거리에서 최종적인 힘의 통합을 얻는다. 이 거리는 내부 모멘트의 회전 반경이다. 그 내부 모멘트는 하중에 대하여 반력으로 작용한다. 이 반력은 재료가 하중을 수용하는 정도에 따라서 다르다.

그러므로 부재의 단면 높이가 클수록 내부 모멘트는 회전 반경은 더 커진다. 그리고 부재의 안정성은 더 커지는 것이다. 그래서 회전 반경의 길이는 휨에

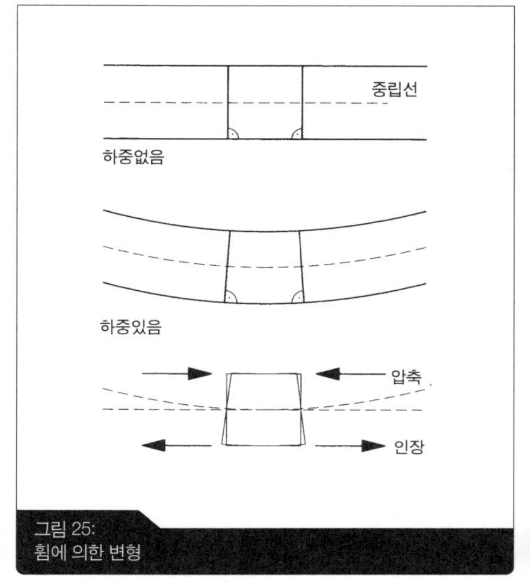

그림 25:
휨에 의한 변형

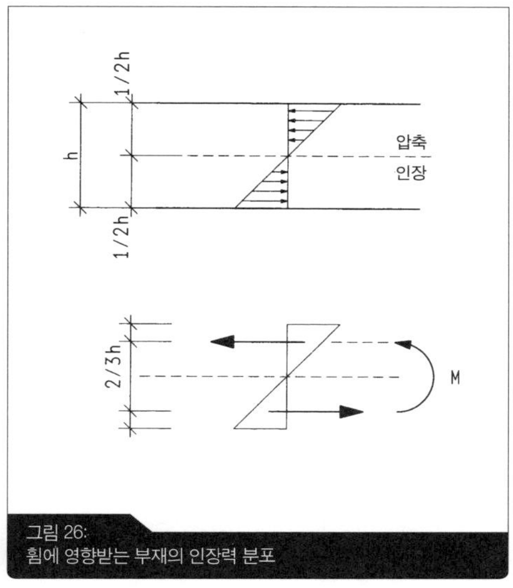

그림 26:
휨에 영향받는 부재의 인장력 분포

저항하는 열쇠가 된다. 또 단면의 폭 역시 중요하다. 이 단면 저항력은 모멘트 저항력으로 표현된다. 모멘트 저항력은 부재의 기하학적 형태에 관계하며 재료 자체와는 관계가 없다.

예를 들어 목재 빔의 직사각형 횡단면은 관례적으로 모멘트 저항 W를 생산하는데, 그 크기는

$W = w \cdot h^2/6$이다.

이 공식을 좀 더 살펴보면, 높이 h의 제곱에 폭 w을 단순 요소로 곱하여 값을 얻는다. 위 아래로 긴 직사각형 단면은 정사각형 단면 혹은 수평으로 긴 지사각형 단면의 부재보다 더 큰 하중 지지 능력을 갖는다.

정확히 표현하자면, 높이가 두 배가 되면, 하중 지지 능력이 4배가 된다는 것이다. 단순한 직사각형 횡단면의 치수 계획을 하는데 있어서 모멘트 저항은 위 공식을 사용하면 된다. 실재로는 다른 횡단면에서, 모든 강구조 계산식에서도 단순한 직사각형의 경우보다는 훨씬 복잡한 계산이 이루어진다. 이러한 이유로 모멘트 저항 값은 항상 표를 만들어 제시된다. 〉 부록 참고

모멘트 저항이라는 용어에는 모멘트가 포함되어 있다. 모멘트의 개념과 대조적으로 혹은, 힘에 관한 설명 과정에서 언급한 토크와는 대조적으로, 모멘트 저항은 특정한 회전 반경을 갖는 개별적인 힘을 언급하는 것이 아니다. 오히려 중립축 zero line 주변의 면적 요소와 회전반경에 대한 언급이다. 이는 우리가 횡단면을

중심으로 사고하기 때문이다. 〉그림 26 다음 장에서 설명하는 관성 모멘트와 같이 모멘트 저항은 면적 모멘트가 된다.

(3) 관성 모멘트

관성 모멘트는 그 효과에 의하여 가장 잘 설명된다. 모멘트 저항은 부재의 종단면이 휨모멘트에 저항하는 것으로 표현되는 반면, 관성 모멘트는 그 변형과 관계가 있다. 관성 모멘트는 횡단면의 경직성을 통해 표현된다.

모멘트 저항과 마찬가지로 관성 모멘트는 휨모멘트에 주된 영향을 미치는 횡단면에서의 인장력의 분표에 관계한다. 여기에서 심하게 압축되거나 잡아 당겨진 모서리와 면은 중립선 혹은 힘의 제로라인 보다 훨씬 더 크게 영향을 받는다. 중립축으로부터 부재의 단면상 거리가 커질수록 모멘트 저항보다도 더 관성 모멘트에 영향을 미친다. 관성 모멘트는 횡단면상의 모든 면적 요소들의 합이다. 관성 모멘트는 중립축으로부터 횡단면상의 거리의 세제곱에 비례한다.

직사각형의 단면에서 관성 모멘트를 계산하는 데에는 $I = w \cdot h^3/12$ 라는 공식을 사용한다. 공식에서 보듯이 단면 높이의 세제곱에 비례하여 관성이 증가한다. 이 말은 부재의 높이가 1/2로 줄어든다면, 변형은 1/8로 줄어든다는 것이다. 그리고 단면의 폭의 변화는 관성 모멘트의 변화에도 비례적으로 영향을 미친다.

변위
Deflection

관성 모멘트를 통하여 부재의 예상 변형을 연산할 수 있다. 비록 우선해야 하는 것은 모멘트 저항을 통하여 하중지지 능력을 가질 수 있는 구조 부재의 치수를 결정하는 것이지만, 분명하게 짚고 넘어가야할 일이 있다. 허용 가능한 최대 변위를 넘어서지 않아야 한다는 것이다.

(4) 전단 응력

다음의 사례에서 전단 응력을 설명해 보자. 두 개의 널빤지를 나란히 포개어 두고 단순지지보로 사용하자. 그 위로 하중을 부여하자. 두 널빤지는 하중 아래 지점에서 변형되고 각자 서로 영향을 미치며 미끄러질 것이다. 〉그림 27, 그림 28

두 판재는 하중을 지지하는 능력을 높이기 위하여 서로 하나로 묶을 수 있다. 두 개의 판재를 포개어두는 것보다 동일한 높이의 장방형의 판재 단면을 세워두는 것이 하중을 견디는 능력이 뛰어나다. 〉치수계산, 모멘트 저항 참고

어떻게 유리한 것일까? 하나의 가능성은 두 판재를 드릴로 뚫어 볼트와 너트로 하나로 단단히 결속하여 사용하는 것이다. 이 볼트와 너트는 어떻게 힘에 견

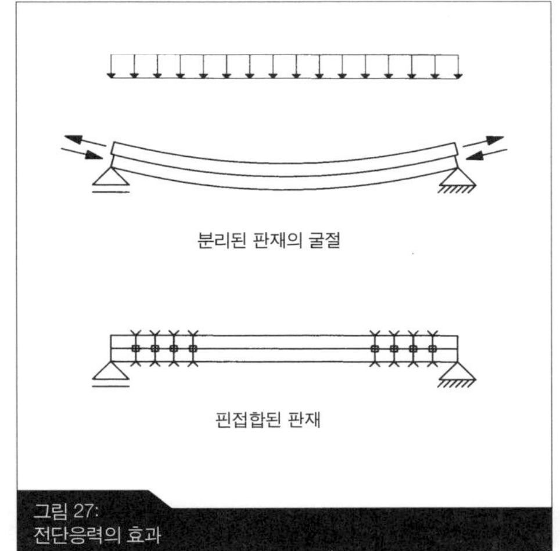

그림 27:
전단응력의 효과

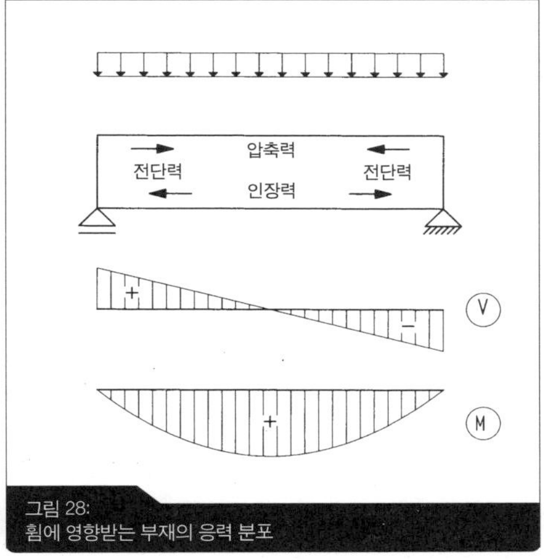

그림 28:
휨에 영향받는 부재의 응력 분포

디는 것인지 그리고 어떻게 작용하는지를 연구할 필요가 있다.

질문의 첫 번째 답은 간단하다. 전단 응력은 두 판재가 미끄러지기 때문에 발생된다. 전단 응력이 어떻게 어디에서 생겨나는가를 설명하기 위한 쉬운 방법은 그림 28에 보이는 부재를 해석하면 된다.

등분포 하중에 영향을 받는 이 부재에서 가장 큰 인장 능력은 스팬의 중심 아래쪽에서 발생한다. 휨모멘트와 같은 이러한 응력들은 지지점으로 갈수록 감소된다. 그러나 응력 자체는 쉽게 사라지지 않는다. 압축 응력과 인장 응력은 지지점으로 향해 가면서 감소하는데 휨 응력이 작아지면서 전단 응력이 강화되기 때문이다.

휨 응력들은 휨모멘트도에 의하여 분명하게 나타난다. 반면 전단 응력들은 전단력에 비례하여 발생한다. 단순한 등분포 하중에 영향 받는 부재의 경우 전단력은 지지점으로 갈수록 증가한다.

이러한 종류의 부재에서 특히 분명한 것이 있다. 휨력에 의하여 생겨나는 인장력은 스팬의 중심에서 횡단면의 상부와 하부에서 가장 최대치를 갖는다. › 내력, 휨모멘트, 전단력 참고.

그리고 최대 전단 응력은 지지점에서 얻어진다. 예를 들어 목재는 전단응력에 매우 민감한 재료이다. 목재 구조에서 부재들은 지지점에서 전단응력을 견디고 흡수하기 위하여 부재들을 강하게 묶어 사용할 필요가 있다.

다른 예는 여기에서 제시하는 바처럼 전단응력을 최대치로 늘려놓는 것이

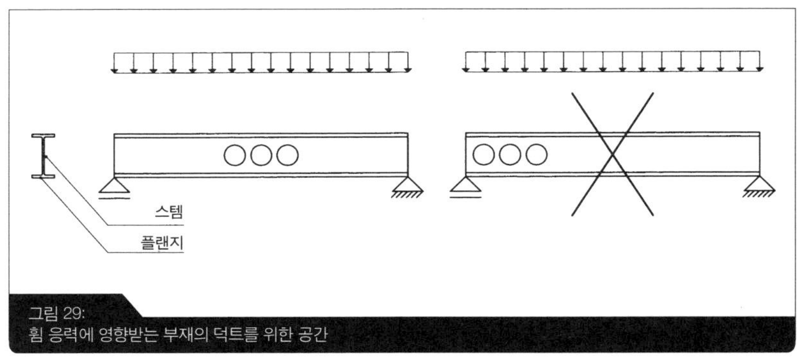

그림 29:
휨 응력에 영향받는 부재의 덕트를 위한 공간

-빔의 단면
-beam section

좋은 방식이다. 일반적인 철재 단면에서 특히 I-beam의 단면에서처럼, 단면은 플랜지가 휨 압축력과 휨 인장을 흡수할 수 있도록 디자인 되어야 하고 스템은 전단응력을 흡수할 수 있도록 해야 한다.

예를 들어, 건축가가 단순지지보를 전기 혹은 기계 설비를 위하여 구멍을 뚫으려고 한다면, 이러한 작업이 보의 중심에서 문제를 발생하지 않도록 고려해야한다. 작용하는 힘들이 그곳에서 매우 작게 영향을 미친다 하더라도 두 개의 플렌지는 휨 압축과 휨 인장으로 완전히 하중에 영향을 받고 있다. 그러나 구멍들은 지지점 주변에서 뚫어서는 안 된다. 왜냐하면 이곳에서 스템은 매우 큰 전단응력을 감당하고 있기 때문이다.

\\ Tip:

전기, 상하수도 그리고 기타 설비를 위한 케이블과 덕트, 환기구 등은 하중을 지지하는 구조체의 디자인에 심각한 영향을 미친다. 그러한 설비들은 모두 초기 단계에 완전히 고정되어 시공되어야 하고 구조 기술자의 협의를 통해 결정해야 한다. 특히 하중을 지지하는 구조와 설비 배관, 덕트 등은 면밀하게 계획되어 가능한 최소의 공간과 교차지점을 갖도록 한다.

2. 구조 부재

2.1 캔틸레버보, 단순지지보, 캔틸레버를 갖는 단순지지보

캔틸레버와 단순지지보를 사례로 하중과 힘은 먼저 장에서 설명하였다. 이 두 하중을 지지하는 구조 시스템은 가장 흔하게 사용되고 가장 잘 발전된 형태로 이용된다. 더욱이 훨씬 복잡한 시스템으로 발전시킨다. 그러므로 이 구조시스템의 장단점을 다시 한 번 검토하고 재확인할 필요가 있다.

캔틸레버보
Cantilever arm

캔틸레버보는 큰 하중을 들어 올리는데 사용되는 긴 모멘트 회전 반경을 갖는 팔과 비교된다. 결론적으로 고정된 지점에서 일어나는 지렛대의 원리를 어떻게 해결하는가가 가장 큰 문제이다. 그림 30에서 보듯이, 이 구조의 지지점은 최대 토크와 최대 전단력을 갖는다. 이 정착점은 이 두 힘을 견뎌야 한다. 마치 아무런 못질이나 조인트가 없이 그리고 정착 지점에 충분히 길게 목재 부재가 구조적으로 깊이 연결되어 있어야만 겨우 견딜 수 있어 보인다. 그러나 조적조에서 이러한 정착은 절대 불가능하다. 비록 정착점 위로 아주 작은 길이만큼만 돌출되어 있다 하더라도 이 구조물을 들어올리기에는 큰 위험이 도사린다. 만약 우리가 휨모멘트도와 전단력도를 살펴본다면 더욱 분명해진다. 캔틸레버는 등분포하중에 영향을 받고 있고 이 보는 정착점 주변에 큰 힘을 받고 있다. 즉 나머지 길이를 지지하기 위하여 정착점은 더 크게 보강되어야 한다. 그것은 충분히 이해된다. 그러한 방식으로 정착점에서 멀어질수록 재료를 세이브하고 캔틸레버 부재가까이에서 단면 높이를 보강한다. 더 큰 높이를 갖는 캔틸레버부재는 통상적으로 정착점에서 일어나는 내력과 모멘트에 대하여 잘 대응할 수 있다. 그리고 그 단면 형태는

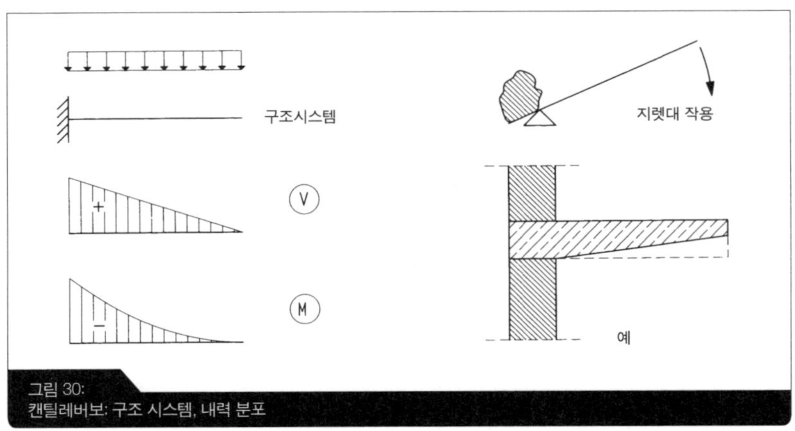

그림 30:
캔틸레버보: 구조 시스템, 내력 분포

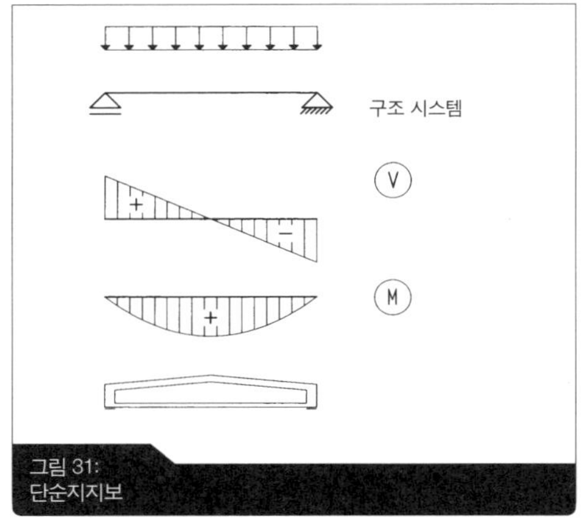

그림 31:
단순지지보

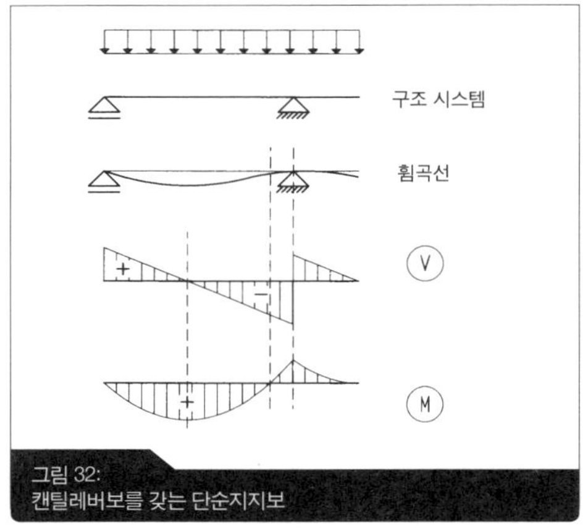

그림 32:
캔틸레버보를 갖는 단순지지보

내력의 분포도에 맞게 디자인되어야 한다.

단순지지보
Simply supported beam

단순지지보는 주로 가장 흔히 사용되는 하중지지 시스템이다. 이 보는 다시 한 번 살펴볼 가치가 있다. 단순한 목재, 철재, 심지어 콘크리트 구조재가 서로 함께 사용된 단면에서도 쉽게 이용된다. 이러한 구조는 생산이 용이하고 공사비가 싸다. 또한 시스템 상부와 하부에 평탄한 바닥면과 천정면을 제공할 수 있다는 이점이 있다. 그러나 실질적으로 단순지지보는 보의 중심 한 지점에서만 분명하게 이해될 수 있다. 그 곳에서 최대치의 모멘트를 갖는다. 그러므로 보를 선택할 때에는 휨모멘트도를 고려하여 선택하여야 한다. 그리고 지지점보다도 중심에서 더 큰 모멘트를 갖는다는 것을 이해해야 한다. › 그림 31, 내력, 휨모멘트 참고

나무는 자연 재료로서 부재에 경사지게 작용하는 힘에 대하여 거의 견뎌내지 못한다. 나무는 힘을 그 결 방향으로 길게 받도록 사용될 때 가장 효율적이다. 그러므로 전단력에 대하여 매우 민감한 재료이다. 가장 좋은 경우는, 목재 보가 다음 세 지점에서 유의하여 사용될 때이다: 보 중심에서는 휨모멘트를, 양 단부에서는 전단력에 주의해야 한다. › 부재치수, 전단응력 참고

›✎

캔틸레버보를 갖는 단순지지보
Simply supported beam with cantilever arm

캔틸레버보를 갖는 단순지지보는 하중을 지지한다는 측면에서 보면 매우 유용한 시스템이다. 이 구조 시스템은 이미 설명한 두 시스템을 조합함으로써 각각 구조의 단점을 극복할 수 있다. 캔틸레버보의 경우 문제는 그 정착점에 있다. 그러나 이 복합 시스템에서는 정착점의 길이를 즉, 스팬의 길이를 그 자체 부재가 견디는 길이보다도 더 길게 확장할 수 있다. 그래서 문제가 되는 정착점의 내력을 견뎌낸다. 이 복합 시스템의 중요한 요소는 캔틸레버보의 지지점에서 어떠한 일이 벌어지는가이다. 이에 캔틸레버의 단면은 − 방향으로 최대 모멘트를 갖는다. › 그림32

단순지지보는 최대 + 방향의 모멘트를 스팬의 중심에서 갖는다. 반면에 지지점에서는 제로에 이른다. 어떻게 이러한 두 보를 연결할 것인가? 하중이 부과될 때, 이러한 종류의 변형의 부재들을 상상한다면, 결과는 분명해 진다. 캔틸레버보는 아래로 처질 것이고 단순지지보는 중간이 처진다.

캔틸레버보는 끝 지지점에서 회전하도록 들려져야 한다. 그렇게 되면 두 부재의 변형은 연결되고 곡선을 이루며 보완될 뿐 아니라 지지점 위로 수평적으로 들려진다.

휨 곡선
Bending line

이 연결이 의미하는 바는 보의 변형을 보여주는 휨 곡선 bending line의 변곡점이 지지점에서 스팬 중심으로 옮겨진다는 것이다. 〉그림 32

이 곡선은 휨모멘트도에 의하여 변형된 것이다. 단면상의 휨모멘트도의 변형에 상관관계를 가지면서 휨모멘트도의 –방향 최댓값이 지지점위에 놓이게 된다.

지지점에서의 모멘트
Moment at support

중심 모멘트
Midspan moment

지지점위에 – 방향의 힘은 지지점에 일어난 모멘트이다. 이 모멘트는 스팬 중심 모멘트가 생겨나지 전까지 스팬의 모멘트를 덜어내지 않는다. 이 힘은 지지점 사이의 모든 영역에 + 방향의 모멘트에 의하여 생겨난 경계이다. 스팬에서 부재는 캔틸레버보에 의하여 힘을 덜게 된다. 그러므로 이러한 종류의 부재는 동일한 스팬의 폭을 갖는 지지점 위에 단순지지보다도 용이하게 하중을 지지하게 된다.

2.2 연속보

연속보는 네댓 스팬을 가로질러 보를 연결한 것이다. 이 보는 정확하게 정의하자면 스팬의 개수에 의하여 구분할 수 있다. 두 스팬 보는 세 개의 지지점을 갖는다. 세 스팬 보는 네 지지점을 갖는 식이다. 그러한 시스템에서 위에서 설명한 상황을 논리적으로 확장할 수 있다. 단순지지보와 캔틸레버보의 결합에서 확인한 바와 같이 지지점에서 모멘트는 가운데 지지점 위에서 생성된다. 그리고 이

✎

\\ Tip:

정방형의 목재 단면은 보로 쓰기에는 너무 좁지도 넓지도 않다. 주로 단면의 폭은 옆면 높이와의 비가 2/3 ~ 1/3 사이에 있을 때 효과적이다. 건설을 위하여 목재 단면의 치수를 확인하여야 한다. 단면의 크기는 이러한 설계 시방, 품셈 등에 기록되어 있으며 목재의 가격과 크기 등을 함께 확인할 수 있다. 그러므로 특별한 치수로 디자인하고 제작할 것이 아니라 기존의 제작된 자재를 사용할 수 있다.

\\ 참고:

+ 방향의 모멘트 혹은 스팬 가운데 일어나는 모멘트는 단면의 바닥면에서 일어나는 인장 응력을 표현한다. 그리고 부재 상부의 압축력을 함께 나타낸다. - 방향의 모멘트 혹은 지지점의 모멘트는 부재 단면 상부에서 생성되는 압축력을 표현한다. 그리고 단면 하부에 일어나는 압축이다.

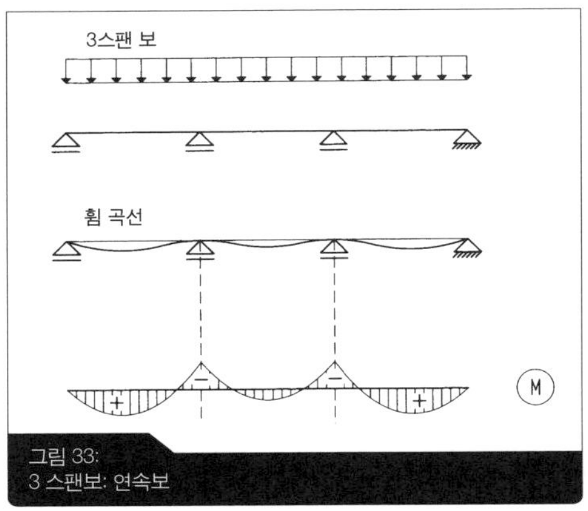

그림 33:
3 스팬보: 연속보

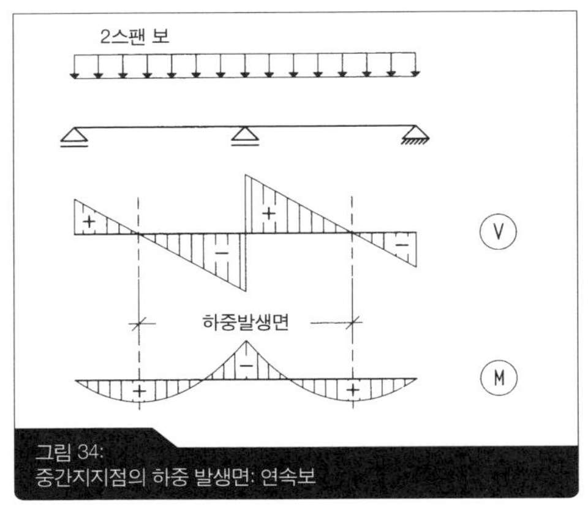

그림 34:
중간지지점의 하중 발생면: 연속보

모멘트는 스팬에 생성되는 휨모멘트를 감소시킨다. 여기에서 변형의 지점들 즉, 보의 휨 곡선에서 보여지는 모멘트 라인의 제로지점을 서로 비교해보자. 휨 곡선과 모멘트 라인은 서로 동일한 형태를 갖지 않는다. 그러나 휨 곡선의 형태는 휨모멘트도를 잘 보여준다. 〉 그림 33과 내력, 휨모멘트 참고

그러므로 회전절점으로 연속되는 부재의 이점은 이것이다. 그러한 연속 구조 시스템은 스팬이 갖는 모멘트를 지지점의 모멘트를 통하여 경감시키는 것이다. 낮은 스팬 모멘트는 부재가 더 작아질 수 있다는 것을 의미한다.

연속보의 효과
Effect of continuity

연속보에 의한 효과는 가능한 중요부재의 재료를 축소할 수 있다는 것이다. 깊이 고려하지 않더라도 가운데 위치한 지지점들은 평행하게 단부에 있는 지지점보다 2배의 하중을 견뎌야 한다. 그러나 반드시 그러한 것은 아니다. 바닥면에 가해지는 하중의 시작은 스팬 중심에 집중되는 것이 아니다. 전단력이 제로가 되는 지점 그리고 스팬이 갖는 모멘트가 최대가 되는 지점에서 하중이 시작된다. 그러므로 중심의 지지점들은 주변부의 지지점보다도 더 많은 최소한 두 배 이상의 하중을 견딜 수 있도록 설계되어야 한다.

2.3 연결보(겔버보, Gerber' s Beam)

또 다른 가능성을 휨모멘트도에서 찾을 수 있다. 각각의 보는 제로 모멘트 지점에서 서로 조인트될 수 있다. 이러한 조인트 된 보는 연속적으로 효과를 발휘할 것이다. 결국 제로 모멘트 지점이 의미하는 것은 이 지점에서 아무런 휨도 일어나지 않는다는 것이다. 그러므로 보의 조인트가 이 지점에서 연결된다면, 연속보 전체에서 휨모멘트도는 변화하지 않는다. 목재의 경우, 보의 연결은 필연적으로

제로 모멘트점
Zero moment

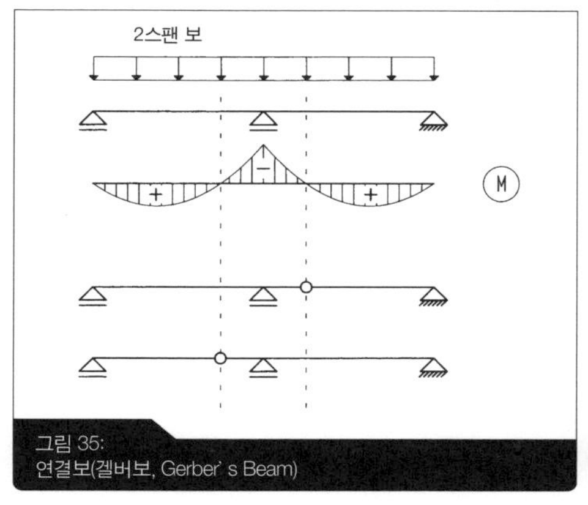

그림 35:
연결보(겔버보, Gerber' s Beam)

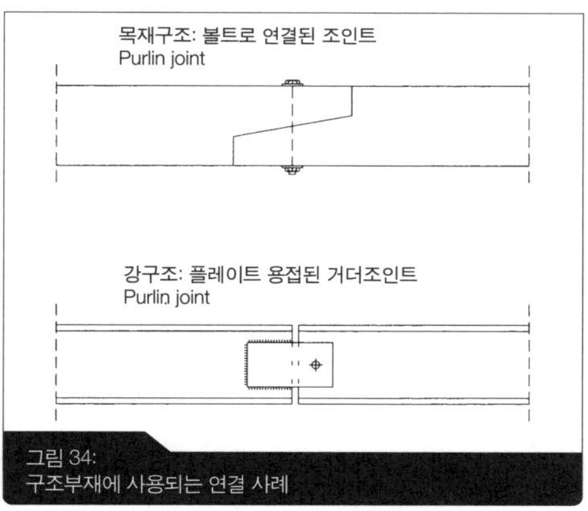

그림 34:
구조부재에 사용되는 연결 사례

모멘트가 제로인 지점에서 연결된다.

역학적 구조 결정
Statical determination

부가된 연결 조인트 시스템 전체에 많은 방식으로 영향을 미친다. 연속보와 연결보는 서로 다른 중요한 특징이 있다. 지지점 중 하나가 어떠한 이유로 높이가 낮다면, 연속보에는 어떠한 일이 일어날 것인가? 보는 아마도 모든 보에 연결된 힘들을 지지하기 위하여 휘어야만 할 것이다. 이러한 현상은 구조재에 응력을 발생시킨다. 이러한 응력은 연결보에도 전달될 수 있다. 연결보에 일어난다면, 단면상으로는 아무런 응력도 일어나지 않는다. 왜냐하면 연결보는 지지구조상 회전하고 미끄러지는 성격 때문이다.

부정정 시스템
역학적 비결정
Statically undetermined

만약 지지점이 움직인다면, 그러한 응력을 발생하는 하중을 지지하는 구조체를 역학적으로 결정할 수 없을 것이다. 그리고 만약 이러한 일이 일어나지 않는다면, 역학적으로 해석 가능할 것이다. 〉그림 37

정정 시스템
역학적 결정
Statically determined

예를 들어, 캔틸레버와 단순지지보는 이러한 분명한 효과가 영향을 미친다면, 정역학적으로 해석 가능함 시스템임을 확인할 수 있다. 다른 하중을 지지하는 시스템들은 정역학적으로 해석하거나 불가능하거나 하나일 것이다. 역학적 해석은 항상 지지점의 개수와 성질에 의존한다. 그리고 연결 조인트의 수에 의존한다. 연결 조인트를 덧붙인다는 것은 역학적으로 해석이 불가능한 시스템(부정정 시스템)에서 해석 가능한 시스템(정정 시스템)으로 변경시키는 것이다. 그러나 주의가 필요하다. 너무 많은 연결점의 추가는 시스템을 불안정하게 만들 수 있다.

3 스팬보
Three - span member

등분포 하중을 갖는 3스팬 보를 살펴보면, 두 개의 연결 조인트가 필요하다는 것을 알 수 있다. 각 조인트는 아무런 응력도 발생시키지 않고 하중을 지탱한다. 다시 말하면, 두 연결 조인트가 구조 시스템을 역학적으로 해석 가능한 시스

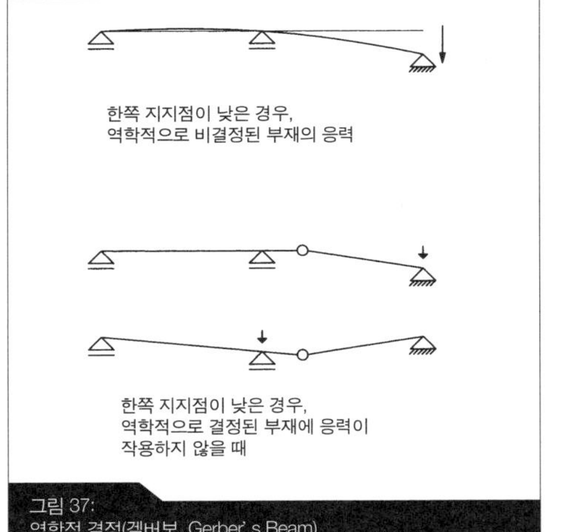

그림 37:
역학적 결정(겔버보, Gerber' s Beam)

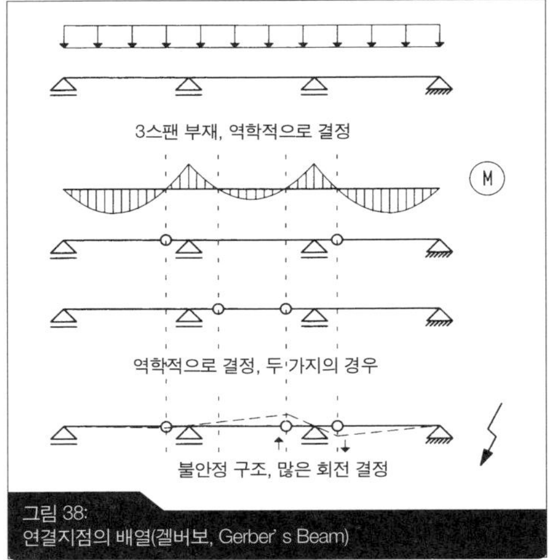

그림 38:
연결지점의 배열(겔버보, Gerber' s Beam)

템으로 만들 필요가 있기 때문이다. 네 개의 제로 모멘트의 지점은 휨모멘트도에서 확인할 수 있다. 그러므로 이 점들 가운데 조인트를 구성할 수 있는 여러 경우의 수가 생겨난다. 〉그림 38

실질적으로 역학적으로 결정되거나 혹은 결정할 수 없는 시스템 사이에 큰 차이점은 무엇인가? 역학적으로 결정되지 않는 시스템은 확인된 분명한 결과에 의존하여 다소간 높은 수준의 안정성을 제공한다. 만약 하나의 지지점이 연속적으로 연결된 부재들 사이에서 파괴 되었을 경우, 구조 부재가 붕괴되지 않을 가능성이 있다. 왜냐하면, 그 부재는 여전히 남겨져있는 시스템에 의하여 지지되기 때문이다. 역학적으로 결정된 시스템은, 즉, 단순지지보와 같은 경우에는, 다른 일이 벌어진다. 덧붙이자면, 역학적으로 불안정한 시스템들은 평형을 유지하기 위한 세 가지 조건을 사용하여 연산할 수 없는 시스템이다. 더욱 정교하게 해석할 수 있는 방법이 필요한 것이다.

2.4 트러스

특별한 구조시스템을 선택하는데 있어 가장 중요한 기준은 스팬의 길이다. 어떠한 실제 공사에서도, 스팬이 여전히 기능할 수 있을 만큼의 폭을 가지고 있도록 효율적인 지지점을 선택해야한다. 그러나 만약 그 지지점 사이에 거리가 과도하다면, 구조 시스템은 무기력해진다. 예를 들어 이러진 지점은 목재 보를 사용할 경우에 개략적으로 5~6m이다. 더 큰 스팬 거리를 사용할 때에는 면밀한 계산이

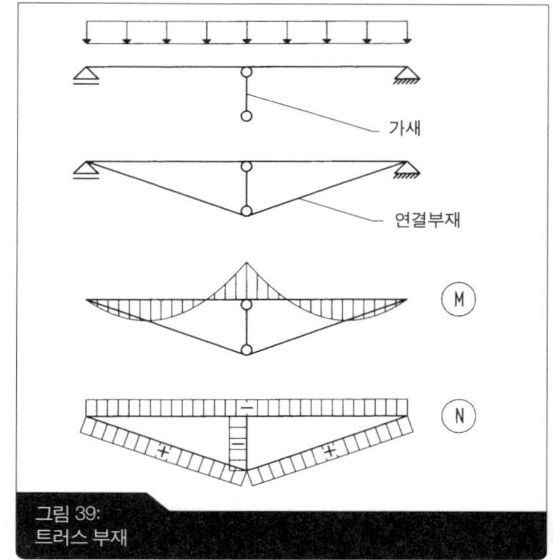

그림 39:
트러스 부재

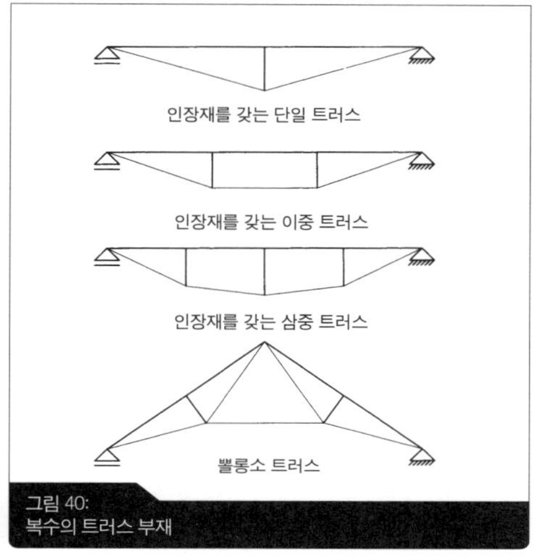

그림 40:
복수의 트러스 부재

필요하다. 예를 들어 지지점을 자리 잡기가 불가능하다면, 대신 버팀대나 보강 기둥을 덧대야 한다. 〉그림 39 그러한 버팀대는 하중을 트러스를 통하여 분산시킨다. 트러스는 그러한 버팀대를 위쪽 방향으로는 밀어 올린다. 마치 활을 당기는 것처럼 움직인다. 그러므로 지지점과 같이 작용하게 되는 것이다. 비록 이 버팀대가 땅위에서 지지하고 있지 않더라도 작용한다. 이러한 시스템을 트러스 부재 혹은 트러스 보라고 한다. 관습적으로 줄여 트러스라 부른다.

트러스는 두 개 혹은 세 개를 연결하여 사용하는 것이 가능하다. 〉그림 40. 부재는 훨씬 더 큰 스팬을 만든다. 구조 부재에 작용하는 힘들이 상대적으로 크다 해도 상관없다. 트러스로 만들어진 부재들의 개별적인 부분에는 어떠한 힘이 가해질 것인가? 버팀대는 압축력이 가해진다. 이 압축력은 보의 작용과 같다. 트러스는 일반적으로 강철 부재를 연결하여 제작된다. 이 부재는 인장력에 잘 버티고 보로 쓰이기 용이하기 때문이다. 이러한 인장력에 대한 반력으로서 압축력을 부가적으로 얻게 된다. 그러므로 트러스의 휨하중은 압축력에도 영향을 받게 된다.

Jean B, - C, Polonceau, 1813-1859

버팀대와 트러스들의 조합으로 구축된 더 복잡한 시스템이 만들어질 수도 있다. 하나의 예는 발명자의 이름을 딴 뽈롱소 트러스 Polonceau truss이다. 〉그림 40

다음과 같이 트러스의 부재들을 모아서 냄으로서 새로운 형태를 만들어 내는 것도 가능하다. 단순한 보는 휨모멘트를 흡수함으로써가 아니라 그 힘을 압축력과 인장력으로 다양한 구조적 요소를 통하여 분해하고 전달한다. 그 결과, 하중을 통제할 수 있는 복잡한 시스템이 된다. 각각의 부재는 서로 멀리 결구되어 있는 부재에까지 힘을 전달한다. 상부의 부재는 더 이상 휨력에 영향을 받지 않는다. 압축력에 주도되는 것도 아니다. 트러스는 인장력을 분해한다. 휨모멘트를 설명할 때, 일반적인 보의 단면을 해석하는 것과 같이, 일반적인 보에서 압축력이 부가되는 위치에 있는 트러스 부재를 이야기하고 설명할 수 있다. 즉 보의 횡단면의 위치에 있는 트러스의 부재들이 그 위치에서 작용하는 힘을 견뎌낸다. 트러스의 경우는 상하 높이가 크므로 회전 반경은 분명하게 커진다. 그러나 이 시스템은 분명히 효과적으로 작동한다. 〉 치수산성, 모멘트 저항을 참고할 것.

2.5 격자 구조

트러스로 만들어진 거더 girder는 세 개 이상의 지주 strut로 이루어져 있다. 이 거더는 몇몇 이유로 면밀히 고려되지 않은 부분도 있다. 그러나 지주는 개별적으로 모든 단면상에서 지지되고 있다. 이러한 형태의 구조시스템은 거대한 스팬을 효율적으로 감당할 수 있는 새로운 시스템을 만들 수 있다. 이러한 시스템이 바로

그림 41:
격자 강구조

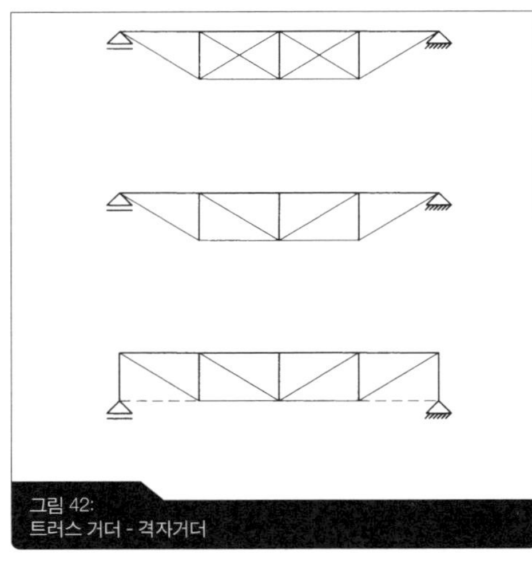
그림 42:
트러스 거더 - 격자거더

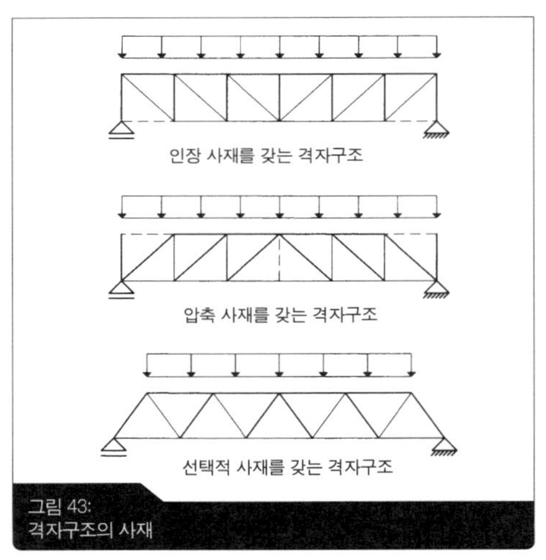

그림 43:
격자구조의 사재

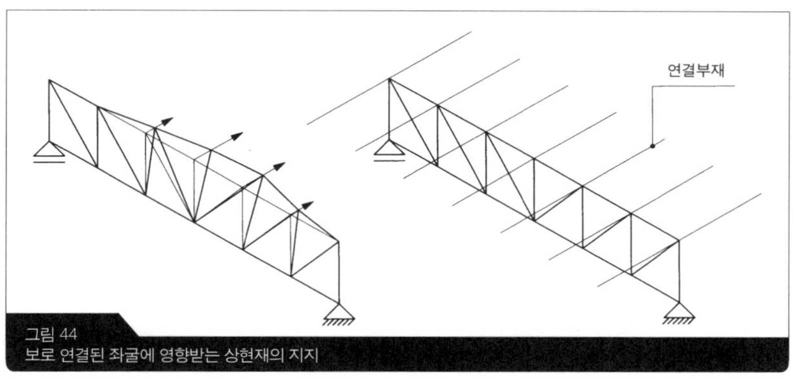

그림 44
보로 연결된 좌굴에 영향받는 상현재의 지지

트러스다. 그리고 트러스는 격자와 뼈대로 추상화된 거더로 만들어 진 것이다. 이러한 격자 거더들에서 인장력이 부과된 부재 단면들은 일반적으로 케이블이나 막대로 만들어져 있지 않다. 오히려 목재나 철재를 사용한다. 격자구조는 매우 흔하고 자주 쓰이는 효율적 시스템이다. 그리고 특별한 상황에서 필요한 요구 조건을 충족시키기 위하여 적용될 수 있다. 그러한 시스템은 거의 모든 재료를 사용하여 만들 수 있다. 다양한 방식으로 정렬할 수 있는 막대 형태의 부재를 통해 격자 구조를 만든다. 〉 그림 42

인장사재
Tension diagonal

지금까지 논의한 다양한 사례에서 대각선 방향의 힘들은 하부 트러스에 작용하는 힘에 상응한 인장력이 부과된 형태로 구축된다. 그러나 또 다른 선형 부재를 정확히 전혀 다른 방식으로 설치할 수도 있다.

압축사재
Compressing diagonal

부재들은 그때 압축력이 부가된다. 대각선 방향으로의 힘을 확인하기 위하여 아치와 같은 형상처럼, 어떤 부재들에 압축력이 부가되는지를 확인해야 한다. 혹은 현수구조와 같이 인장력에 의하여 힘을 받는지 확인해야 한다.

선택적 사재
Alternate diagonal

또한 대각선 방향으로 힘을 받는 부재(사재)를 하나만 갖는 격자구조의 트러스를 구축하는 것도 가능하다. 중심부에서 트러스의 외형은 변화가 없다. 같은 방향에 놓인 부재들은 동일한 힘을 받는다. 어떤 한 방향의 부재는 압축력을 받고 다른 쪽 방향의 힘들은 인장력을 받는다. 격자 구조의 중심에서 단면은 하중을 분해하여 변화시킨다. 그러한 정렬방식은 동일한 격자구조의 거동을 만든다.

비긴장 부재
unstrained members

격자구조의 거더에서 개별적인 부재들은 매우 세심한 계산을 통하여 하중을 분산하는데 모든 부재가 직접적으로 관여하지는 않는다. 각 부재들은 대각선 방향의 인장력 혹은 압축력을 갖는 것도 아니다. 이러한 부재들을 비긴장 부재 unstrained members로 불린다. 그럼에도 불구하고 그 부재를 누락시킬 수는 없다. 왜냐

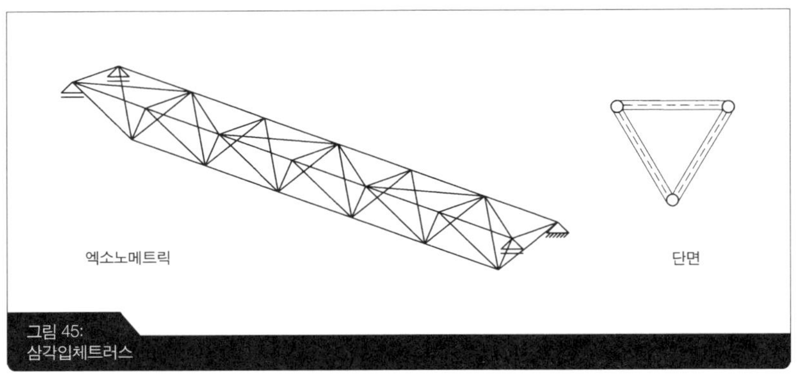

그림 45:
삼각입체트러스

하면, 비긴장 부재들도 구조적 이유로 필요하기 때문이다. 이점은 다음을 의미한다. 비긴장 부재들은 구조 시스템의 윤곽을 완성한다는 것이다. 혹은 그 지점의 위치를 지키도록 만든다. 이러한 형태에서, 압축 부재는 매우 두꺼운 선으로 그려지고 인장 부재는 얇은 선으로 그린다. 그리고 비긴장 부재는 점선으로 나타낸다.

〉 그림 43

격자구조 거더의 높이와 길이는 스팬에 의하여 결정된다. 그 폭은 단지 거더의 단면에 의하여 결정된다. 이 거더의 단면은 각각의 위치에서 해석되며 일반적으로 전체 길이에 비하여 상대적으로 훨씬 좁게 여겨지도록 계획된다. 이러한 이유로 압축력이 부과되는 상부 부재 단면을 탑붐 top boom이라고 부르며 좌굴 buckling의 위험을 가지고 있다. 〉 그림 44

탑붐
top boom

이 문제는 다양한 방식으로 해결될 수 있다. 탑붐은 이 부재의 하부에 혹은 길이방향의 천정 보에 혹은 천정면에 고정될 수 있다. 그렇게 되면, 그 위치를 이탈할 위험을 제거할 수 있다. 혹은 그 자체로 좌굴을 방지하여 거더로 제작될 수도 있다.

삼각입체 트러스
three-boom truss

만약 두 번째 부재가 좌굴의 위험을 갖는 탑붐에 부가되고 이 격자 구조가 대각선 방향의 지지대로 보강되어 구축되면, 이러한 구조는 여러 방향의 힘을 흡수할 수 있는 매우 견고한 지지부재들로 이어진 구조가 된다. 이러한 트러스를 삼각입체 트러스 three-boom truss가 된다. 〉 그림 45

2.6 슬래브

목재 혹은 강구조는 거의 언제나 방향성을 갖는다. 즉, 길고 얇은 구조재, 바 bar 형태의 단면을 갖는다. 이 단면 형태에서 하중은 언제나 특별한 방향으로 흡

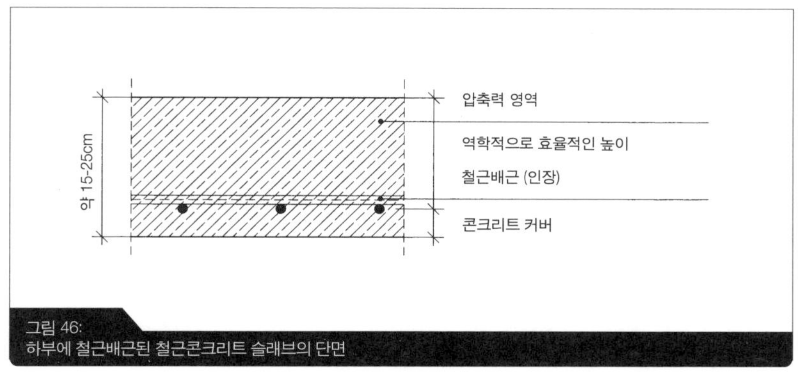

그림 46:
하부에 철근배근된 철근콘크리트 슬래브의 단면

수되어야 한다는 것을 의미한다. 그러나 콘크리트는 이러한 힘의 방향을 재구조화하여 역학적으로 방향성을 갖지 않고 평면화된 구조 요소로 구축한다.

철근콘크리트
Rainforced concrete

기본적으로 철근콘크리트 구조의 하중을 지지하는 특성에는 다음과 같은 사항들이 적용된다. 시멘트, 물, 자갈, 쇄석 등을 함께 모아서 인공적인 석재 구조물을 만드는 것이다. 콘크리트는 압축력을 흡수하는데 매우 좋은 구조다. 그러나 다른 조적구조와 마찬가지로 인장력은 흡수하지 못한다. 그러므로 철근과 함께 조합하여 사용한다.

철근배근
Rainforcement

이러한 재료를 사용한 구조이므로, 콘크리트는 압축력을 흡수하고 철근은 인장력을 흡수한다. 이전 단락에서 다양한 지지점의 유형들을 설명하였듯이. 이미 인장력이 구조재에서 어떠한 위치에서 발생하는가를 설명하였다. 정확히 철근콘크리트에 위치한 힘으로 당겨진 부재가 위치한 곳에서 장력을 흡수한다. 즉, 철근콘크리트의 내부에 매립되어 당겨져 있는 철근이 장력을 흡수한다. 슬래브의 경우, 이러한 힘은 주로 슬래브의 하부면이나 주변부에서 필요하다. 만약 철근콘크리트 슬래브가 연속적인 거더와 같이 사용된다면, 철근으로 강화된 구조는 상부면에도 필요하다. 바닥 슬래브를 콘크리트 타설할 때, 철근은 일반적으로 바닥에 매트 형태로 서로 얽어 열십자로 묶인다. 그리고 바닥면의 여러 방향에서 하중을 복합적으로 지지하기 위하여 철근을 감싸도록 콘크리트를 타설한다. 일반적으로 콘크리트 바닥 슬래브를 위하여 필요한 두께는 15~25 이다. 〉그림 46

콘크리트 슬래브는 방향성을 갖지 않는 구조적 요소일 뿐 아니라 바닥 면 위에 정방형의 콘크리트 바닥에 걸쳐 모든 하중을 네 방향의 벽면으로 고르게 동일한 시점에 분산한다. 만약 평면이 직사각형이면, 하중은 짧은 스팬을 통하여 먼저 분산된다. 왜냐하면 변형이 일어날 경우 그러한 변형은 장변 방향의 스팬보다 훨씬 크게 하중을 받는 단변 방향 쪽에 먼저 전달되기 때문이다. 그러므로 짧은 단변 방향의 보가 더 큰 인장력이 생긴다. 콘크리트 바닥면은 넓으면 넓을수록, 장변방향으로 흡수되는 하중의 비율은 그다지 중요하지 않게 된다. 그러나 철근에 의한 슬래브의 강화배근은 하중이 생겨나는 곳에서 시작되는 주요 방향으로 쉽게 정착할 수가 없다. 슬래브는 항상 교차하여 배근해야 한다. 그래야만 바닥 평면은 나름의 유리한 장점을 살릴 수 있다. 이러한 사실은 점하중이 훨씬 더 잘 분산되기 쉽다는 것을 의미한다. 그 결과 바닥면에 가해지는 힘은 훨씬 작게 영향을 미친다.

스팬이 길어지면 길어질수록, 바닥면은 더 두꺼워질 필요가 있다. 바닥면이 25cm 보다 두꺼워지면, 사하중이 너무나 커져 더 이상 단일한 평면으로 슬래브를 구축할 수 없다. 엄격하게 말하자면, 이러한 플랫 슬래브의 경우는 바닥면의 상부 모퉁이가 압축력을 분산시키는데 결정적인 역할을 한다. 그리고 철근은 인장 응력을 분산시킨다. 구조의 나머지 부분은 사실상 단지 연결 고리 혹은 충전물일 뿐이다.

장선 바닥
Ribbed floor

만약 바닥면이 너무 두꺼워지면, 단면 하부 모서리로부터 상부 영역에 이르기까지 일부를 파내거나 생략하여 그 사하중을 줄이기 위하여 고심해야한다. 그렇게 되면 철근 배근하는 것은 주로 뼈대(장선 혹은 보)에 집중하게 된다. 이 뼈대는 서로 인접하여 배치된다. 뼈대로 보강된 바닥면은 평평한 바닥면보다도 훨씬 넓은 스팬을 감당할 수 있다.

결속 장선
Binding joists

교량과 같이 넓은 스팬을 만들어 내기 위하여 결속 장선 binding joist를 사용한다. 뼈대와는 달리 결속 장선은 바닥면에서는 확인할 수 없다. 그러나 바닥 면에 부착된 보에서는 사용된다. 〉 그림 47, 69, 63

콘크리트 구조는 건축물을 대지에 구체화한다. 그리고 현장에서 콘크리트를 타설하여 건축한다. 결속 장선은 거대한 하나의 구조체를 만들어내는데 가장 훌륭하게 사용된다. 여기에서 일체식의 의미는 모든 것을 현장에서 콘크리트로 타설하는 부재들이 하나의 일체화된 구조체로 거동한다는 것을 의미한다. 비록 이 부재들이 서로 다른 단계에 순서에 따라 구축된다하더라도.

슬래브 보
Slab beams

그러므로 바인딩 조인트는 슬래브의 바닥 면 모서리에 안정적인 단면 높이를 보강하고 또 보 자체에 두께를 보강할 수도 있다. 더욱이 슬래브의 여러 부분에 보 양측으로 압축력을 견딜 수 있는 부위를 보강할 수도 있다. 그러한 경우 보강을 위한 슬래브 보가 사용된다. 〉 그림 48

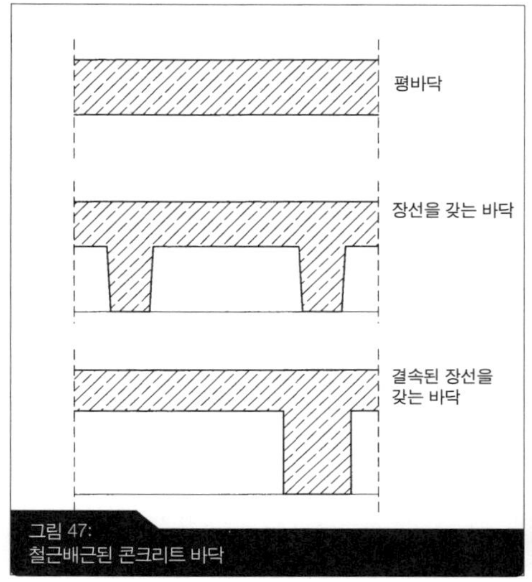

그림 47:
철근배근된 콘크리트 바닥

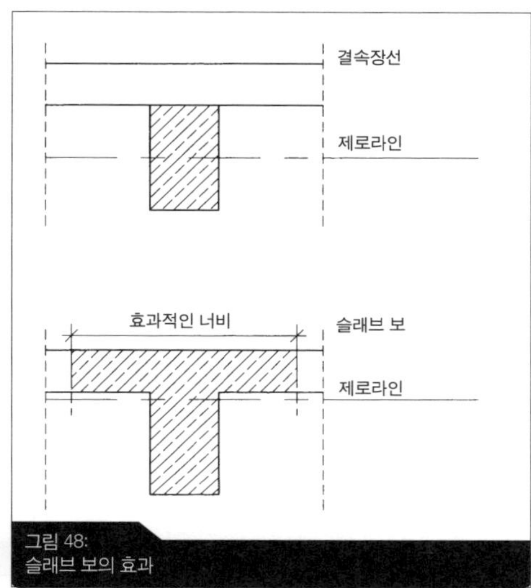

그림 48:
슬래브 보의 효과

2.7 기둥

수평적인 하중 요소와는 달리 기둥은 어떠한 휨 하중에도 매우 심하게 영향을 받는다. 그러나 일반력에는 그다지 영향 받지 않는다. 만약 기둥이 측면방향으로 굽거나 붕괴되는 위협만 없다면, 폭이 아주 좁은 기둥의 단면도 일반력을 분산하는데 충분하다. 폭이 아주 좁은 기둥은 좌굴의 위협을 안고 있다. 그러나 이러한 위엄의 정도는 다양한 요소들에 의하여 변화한다.

좌굴
Buckling

기둥에 있어서 중요한 요소는 하중, 재료 그리고 기둥의 세장비이다. 스위스의 수학자 오일러 Leonhard Euler (1707-1783)는 어떠한 방식으로 기둥이 상부와 하부에 정착되고 좌굴하는 특성을 보이는가 그리고 서로 다른 네 개의 경우를 확인하여 자신의 이름을 붙였다.

오일러 사례
Euler cases

오일러의 경우들은 네 가지 방식으로 기둥이 버팀대 혹은 연결 조인트로 보강될 수 있음을 보여준다. 좌굴할 때, 기둥은 만곡 곡선의 형태로 구부러진다. 보강요소를 기둥에 부착하면 이 만곡 곡선의 길이에 영향을 미친다. 혹은 만곡되는 지점들 사이에 거리에 영향을 미친다. 이것이 기둥의 안정성에서 가장 중요한 것이다. 변형 커브와 관계하는 기둥의 길이는 유효 길이 혹은 좌굴 길이로 알려져 있다.

그림 49는 동일한 길이의 기둥이 갖는 변형의 네 가지 사례를 보여준다. 오일러의 사례 1(1단고정 1단 자유)은 깃대에 작용하는 첫 번째 원리를 보여준다. 변형곡선은 매우 길다. 안정성이라는 측면에서는 그다지 바람직하지 않다. 오일

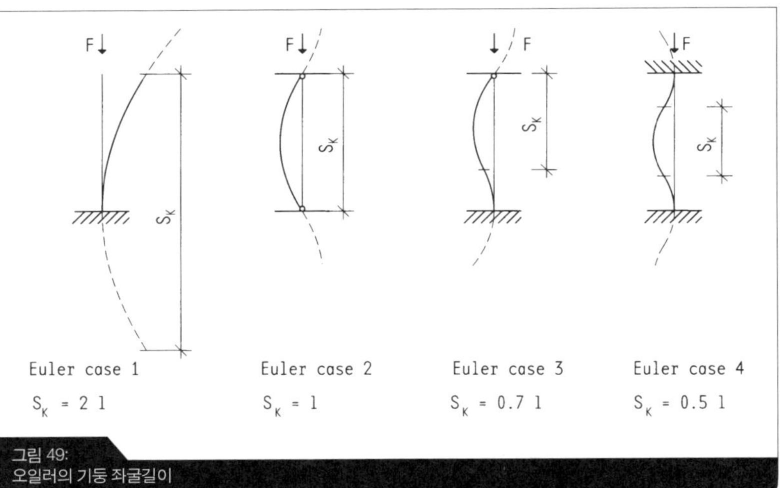

그림 49:
오일러의 기둥 좌굴길이

러 사례 2는 바닥과 천정이 힌지에 의하여 고정된 경우(양단 힌지)이다. 그래서 변형 곡선 혹은 좌굴 길이는 짧아진다. 이러한 경우는 매우 흔하게 일어난다. 이것은 기둥을 더 안정적으로 만든다. 오일러 사례 3은 기둥이 한쪽 방향으로 버팀대로 보강된 것(1단 고정 1단 힌지)이다. 이러한 보강장치는 이 지점에서 뒤틀림으로부터 기둥을 보호한다. 그래서 만곡 곡선의 길이가 축소된다. 즉, 좌굴 길이가 짧아진다. 오일러 사례 4는 상부와 하부에 모두 버팀대를 보강한 것(양단 고정)이다. 기둥에서 보자면 가장 짧은 좌굴 길이를 갖는다. 그러므로 이 방식은 결론적으로는 가장 안정적인 장치가 된다.

\\ 참고:
기둥에 작용하는 오일러의 좌굴 거동은 압축력으로 가정된다. 그리고 철재 혹은 목재와 같은 인장력에 강한 재료로 가정한다. 오일러의 의도는 결코 조적이나 콘크리트로 만들어진 기둥의 수치를 도출하는데 적용하고자한 것이 아니다.

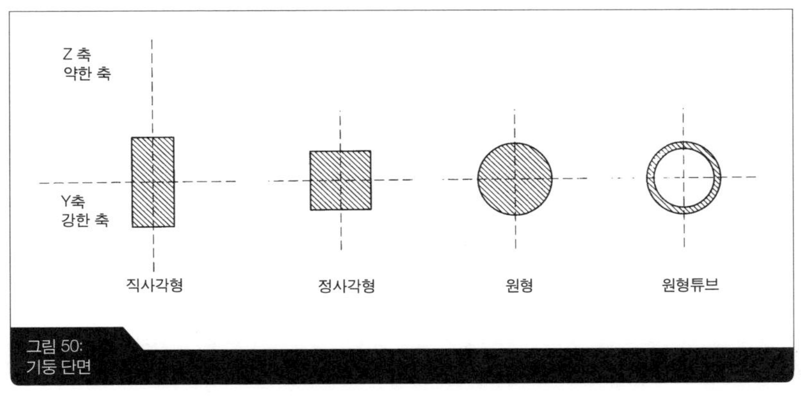

그림 50:
기둥 단면

기둥의 치수를 산출하는 또 다른 중요한 요소는 단면을 얼마나 작게 할 수 있는가이다. 기둥 두께의 얇은 정도는 기둥의 길이와 두께의 비례가 어떠한가를 의미한다. 그러나 보통은 그렇지가 않다. 두께는 이 안정성을 위한 등식에는 전혀 포함되지 않는다. 그러나 안정성은 관성 모멘트와 횡단면의 면적 사이에 존재하는 비례로서 얻어진다. 그러므로 다시 이야기 하자면, 기둥의 길이가 문제가 아니다. 그러나 오일러의 좌굴 길이는 위에서 설명한 바와 같이 매우 중요하다. 그러므로 기둥이 얼마나 얇은가는 휨 강도에 대한 좌굴 길이의 비례가 된다.

이러한 요소들을 사용하여 기둥이 어떻게 이론적으로 가장 안정적인 형상을 얻을 수 있는가에 대한 답을 얻을 수 있다. 기둥은 수직적으로만 하중을 받는다면, 어떠한 방향으로든 좌굴할 수 있다. 그러나 사실상 좌굴은 가장 작은 휨 강도를 갖는 방향으로 일어난다. 그러므로 기둥은 모든 방향으로 동일한 안정성을 가져야 한다. 그러므로 정사각형의 단면 더 낫다면, 원형 기둥이 되어야 할 것이다.

덧붙여, 휨 강도는 관성 모멘트와 관계한다. 휨 강도는 이상적인 횡단면을 얻기 위하여 더 나은 결론을 얻도록 한다. 좌굴하는 기둥에서 인장력의 분산을 가능하게 한다는 점에서 보자면, 다음은 분명하다. 인장력 제로인 평면 혹은 중심으로부터 동일한 거리를 갖게 되는 단면의 형상이 가장 효과적이라는 것이다. 튜브의 경우 중심부가 비어 있으면 더욱 유리하다. 여기에서 재료는 가능한 한 중심 지점에서부터 멀리 둘러 배치되어야만 한다. 이러한 특성은 다음을 제시한다. 튜브 그리고 이상적으로 원형 튜브는 기둥을 위하여 가장 유용한 형상이다. 이러한 추론은 매우 이론적이다. 그리고 이러한 논리를 진행하는 이유는 궁극적으로 다양한 요소들이 구조에 영향을 미치고 있고 모든 고려사항을 논의하여야 하기 때문에, 기둥에 부과되는 하중을 설명하기 위한 것뿐이다. 〉그림 50, 그림 51

그림 51
기둥

2.8 케이블

케이블은 이전에 설명한 어떠한 법칙에도 들어맞지 않는다. 케이블이 지지구조체의 부분이 된다면, 케이블은 매달려 있거나 혹은 자중에 의하여 쳐지게 된다. 그리고 그 형상은 하중의 모든 변화에 따라서 다르게 나타난다. 케이블은 휨모멘트에 저항할 수 없다. 그리고 어느 곳에서도 모멘트가 발생하지 않는 형상을 유지하면서 하중을 끌어 올린다. 이러한 케이블의 형태는 하중에 의한 것보다 거의 휨모멘트도와 정확하게 일치한다.

케이블 라인
Funicular line

그래서 케이블 라인 funicular line은 케이블의 휨모멘트도의 곡률과 정확하게 일치한다. 〉그림 52

논의한 지지구조체와 다른 두 번째로 중요한 차이점은 케이블 지지구조는 항상 지지점에서 수평적인 반작용을 갖는다는 사실이다. 케이블은 모든 하중을 일반력으로 분산시킨다. 예를 들어, 케이블을 따라 흐르는 힘과 동일하게 수평반력만이 존재한다. 이 힘은 지지점에서 정확하게 케이블의 방향에 따라서 흐른다. 케이블이 수직으로 매달릴 경우, 지지점에서의 반작용은 수직력 하나뿐이다. 〉그림 13, 페이지 20 그림 53에서, 두 개의 케이블을 비교한 그림은 하중의 크기에 대한 케이블에 작용하는 수직력의 변화가 비례한다는 것을 보여준다. 반면에 수평력의 비율은 케이블의 각도에 따라서 달라진다. 예를 들자면 케이블의 인장 능력에 따라서 늘어나는 비율에 따라서 혹은 처짐의 크기에 따라서 달라진다.

처짐
Sag

케이블 응력
Funicular force

매우 강하게 당겨지거나 혹은 느슨한 케이블 선을 경험해 본 적이 있다. 그것은 케이블 구조물에서는 매우 중요한 요소다. 작게 처진 정도는 매우 강한 힘으

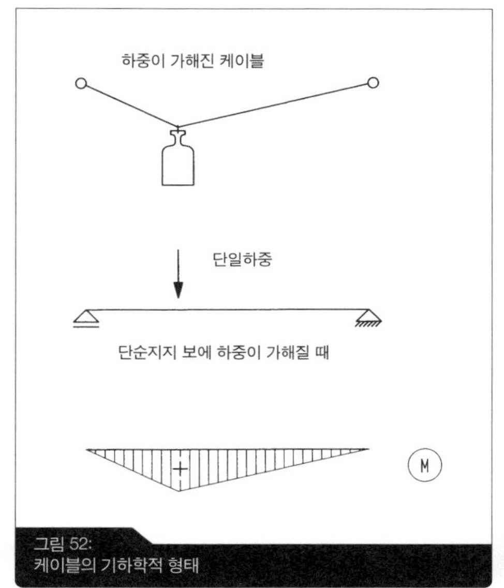

그림 52:
케이블의 기하학적 형태

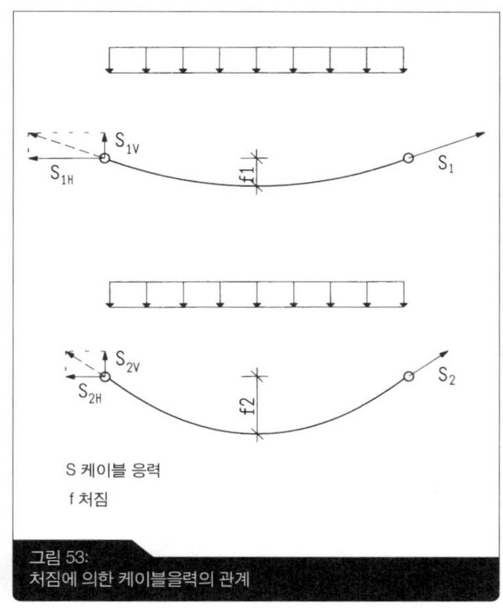

그림 53:
처짐에 의한 케이블응력의 관계

로 케이블이 당겨져 있음을 의미한다. 그리고 케이블이 크게 처진다는 것은 케이블을 당기는 힘 즉, 케이블 응력이 작다는 것을 의미한다.

그러므로 어떠한 케이블의 형상은 케이블 구조를 어떻게 사용할 것인가를 결정한다. 케이블로 고정된 구조물을 실질적으로 적용하는데 에는 예상 밖의 문제들이 생긴다. 구조물이 허용하는 변형의 정도는 구축된 구조물에 생기는 문제들의 원인이 된다. 통제하지 못하는 거동, 예를 들자면 바람에 의한 흔들림 등, 거대한 동적 변형력을 완전히 억제될 수 있어야 한다. 그러므로 케이블로 지지하는 구조물은 모든 경우에 형태적으로 안정되어야 한다. 그러한 결과는 매우 특수한 소수의 경우에만 확보된다. 하나의 가능성은 케이블 구조에 구조물의 사하중에 비교하여 매우 낮은 풍하중 혹은 동적 하중의 변화만을 유발시키도록 하는 것이

\\ 참고:
케이블 구조물에서의 케이블은 고강도 스틸로 만들어진다. 이러한 스틸을 서로 엮어서 사용하는데 케이블의 유형은 그 직경에 따라 매우 다양하다. 케이블은 이러한 스틸을 서로 엮어서 스트렌드 strand 형태로 제작된다.

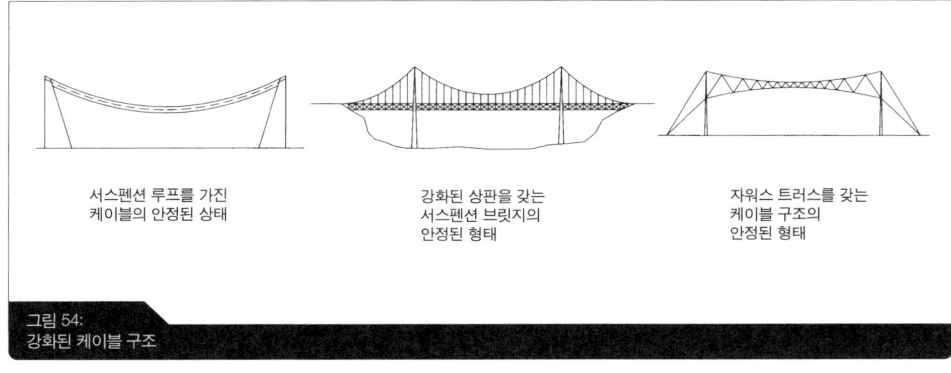

그림 54:
강화된 케이블 구조

다. 이러한 해결방법은 케이블 지붕 등에서 매우 효율적이다.

여기에서 불리한 점은, 일반적으로 철근 콘크리트 구조물의 형태에서 적용되는데, 부가적인 하중은 사실상 케이블 구조의 장점을 없애버린다. 또한 케이블에 가해지는 힘은 반드시 분산되어야만 한다.

또 다른 해결방법은 휘어질 수 있는 견고한 구조 요소로 미리 강하게 당겨서 강화하는 것이다. 현수교 suspension bridge를 예로 들면, 매우 잘 휘지만 견고하다. 현수교는 전체 다리를 강하게 끌어 당겨서 제작된다.

케이블 구조물은 부가적인 케이블을 사용하여 대각선으로 마주 보는 부재를 당겨 구조물을 강화할 수 있다. 이러한 구조물은 다양한 방식으로 제작된다. 2차원적인 보는 자워스 트러스 Jawerth truss와 같은 형식으로 만들어질 수 있다. 이러한 트러스는 격자구조를 연상시킨다. 그러나 실상은 전혀 다르다. 이러한 종류의 구조시스템에서 모든 케이블은 매우 강하게 인장력을 부과하여 당겨져 있기 때문에 케이블은 매우 높은 하중을 받더라도 느슨하게 거동하지 않는다. 이러한 구조가 의미하는 것은 구조물은 형태적으로 그리고 하중을 지지한다는 측면에서 안정적으로 거동한다는 것을 의미한다. 〉그림 54

2차원적인 구조 부재는 케이블망으로 만들어진다. 시스템의 견고성은 서로 다른 부재사이에 각각 미리 강한 힘을 부여함으로써 확보된다. 〉판구조 참고

2.9 아치

하중을 갖는 케이블을 고정시켜 뒤집는다면, 우리는 하중을 압축력으로 분산시키는 형태를 얻는다. 그것은 인장구조가 아니다. 이러한 구조는 매우 이상적인 아치 형태를 갖는다. 또한 케이블과 같은 형태를 가지고 있기 때문에 아치는 하

그림 55:
아치형 하중 지지 시스템

중을 일반력으로 분산시킨다.

저항선
Resistance line

아치의 높이
Arch height

적분이나 혹은 도법을 통해서 구체적으로 결정할 수 있는 이러한 이상적인 형태를 저항선 resistance line 으로 부른다.

아치와 케이블은 또한 다른 요소들을 공통으로 갖는다. 아치는 지지점에서 수직 수평력으로 분산된다. 그리고 케이블에서와 마찬가지로 바닥면 혹은 지지점으로부터 정점까지의 아치의 높이는 수평력의 크기에 연관된다. 그 높이가 낮을수록 압축력에서 작용하는 수평력 힘의 크기는 증가한다. 그것은 아치의 추력 arch thrust 으로 알려져 있다. 〉그림 56

아치와 케이블의 결정적인 차이는 단단한 입체의 아치는 케이블과는 달리 하중의 변화에 그 형태를 변화시키지 않는다. 정확한 아치의 형태로서 저항선은 개별적인 하중 위치에서 적용된다. 만약 하중이 변한다면, 저항선도 함께 변화한다. 이러한 사실은 일반력과 휨모멘트가 아치에서 동시에 일어난다는 것을 의미한다. 아치 구조가 이러한 문제를 다룰 수 있는 방법은 매우 다양하다.

석조 아치는 일반적으로 거대한 사하중을 갖는다. 동적 하중은 사하중에 비하여 상대적으로 작기 때문에, 아치가 변화한다면 저항선에 결과를 미치는 경우

\\ Tip:

완전한 아치 형태의 하중지지 시스템은 아치 형태로 휘어진 보와 혼동해서는 안 된다. 지지점에서 두 수평력을 흡수하지 않는 아치는 그 힘을 휨을 통해서 분산시킬 수 있다.

\\ 참고:

아치 형태의 하중지지 시스템은 석조 구조물로부터 연유한다. 석조 구조물은 압축력만을 흡수할 수 있다. 모든 개구부는 아치로 형성되어야만 한다. 오래된 석조구조물은 매우 치밀하게 고려된 아치 구조물과 아치의 추력을 다루는 기술적인 방식을 연구하는 기회가 된다.

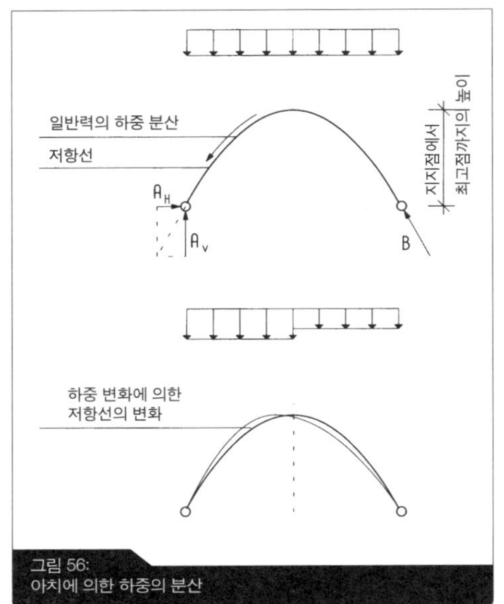

그림 56:
아치에 의한 하중의 분산

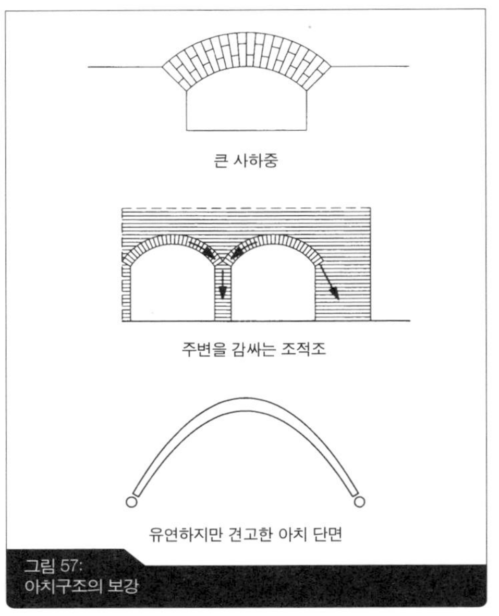

그림 57:
아치구조의 보강

는 거의 없다. 아치는 안정적으로 남겨져 있다. 아치는 부가적인 아치 요소들에 의하여 강화될 수 있다. 예를 들어, 석조 구조물이 벽체의 형상으로 빙 둘러져 올려진다면, 하중을 지지할 수 있는 능력을 감소시키지 않고 혹은 형태를 변화시키지 않고 아치 구조물은 유지된다.

아치를 견고한 재료로서 예를 들어 강접합된 목재 혹은 스틸과 같은 재료로 아치를 만드는 것도 가능하다. 또한 아치 지지점의 안정적인 높이는 충분히 높아야만 한다. 아치의 모멘트는 물론 일반력을 흡수할 수 있을 만큼 높아야 한다. 〉그림 57

아치에서, 우리는 세 개의 다른 역학적인 시스템을 구분할 수 있다. 두 개의 회전절점을 갖는 아치two-articulated arche, 세 개의 회전절점을 갖는 아치three-articulated arche, 회전절점이 없는 아치로 구분된다.

두 개의 회전절점을 갖는 아치 two-articulated arche

두 개의 힌지를 갖는 아치는 회전단 지지점을 갖는다. 인지는 수평 수직의 힘을 흡수한다. 그러나 모멘트는 흡수할 수 없다. 지지점이 낮다면, 어떠한 일이 생길 것인가에 대한 질문을 하게 된다. 결국 역학적으로 부정정 시스템이 된다.

세 개의 회전절점을 갖는 아치 Three-articulated arche

회전절점을 하나 더 추가할 경우, 아치의 최고점에 일반적으로 더하게 되는데, 정역학적으로 부정정 시스템을 정정 시스템으로 바꾸게 된다. 이러한 방식은

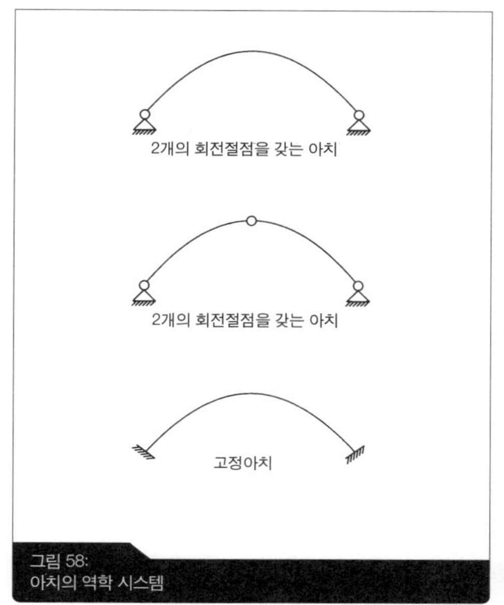

그림 58:
아치의 역학 시스템

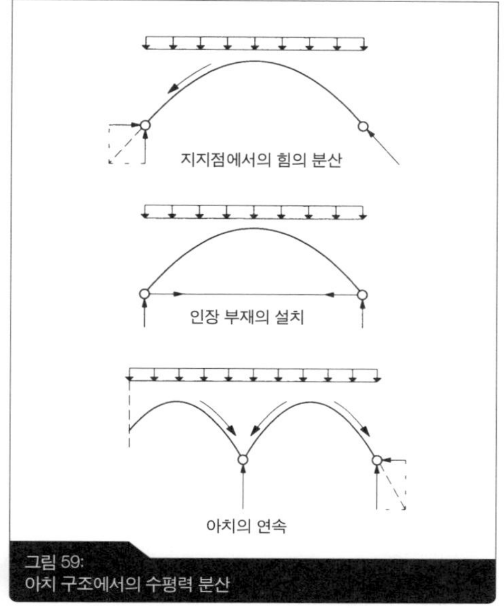

그림 59:
아치 구조에서의 수평력 분산

지지 구조물에 부과되는 거의 모든 문제점들을 배제시키게 된다. 그러나 구조 기술적인 면에서 장점은 아치가 두 개의 부분으로 나뉘어 있고 이동하고 시공하기 편리해진다는 점이다. 회전단 구조를 만들어 내는 것은 아치의 두 부분이 최고 정점에서 단순히 서로 기대고 서 있다는 것과 힌지로 고정되고 있다는 것이다.

회전절점이 없는 아치
Arch without articulation (braced arch)

지지점을 묶는 것은 아치를 더 단단하게 고정시킨다. 왜냐하면, 버팀대는 휨모멘트에 의하여 생기는 어떠한 변형도 제지시킨다. 이러한 효과는 오일러의 사례 2 혹은 4와 같이 지지되는 기둥과 비교될 수 있다. 그리고 버팀대는 구조물을 더욱 단단하게 만드는 것은 물론이다. 버팀대로 견고하게 된 아치는 역학적으로 부정정 구조물이 된다. 효과적인 정착 보강은 매우 정교한 시공을 요구하기 때문에 잘 사용되지 않는다. 〉 그림 58

아치의 추력
Arch thrust

생산된 수평력을 통제하는 다양한 방식이 존재한다. 둘 중 어느 한 지지점이 아치의 추력을 분산하도록 만들 수 있다. 그리고 인장력을 갖는 강선으로 두 지점을 묶을 수도 있고 두 지지점 서로 간에 수평력이 잘 균형 잡히도록 할 수도 있다. 여러 아치들이 서로 다른 아치에 인접하여 연결되기도 한다. 그럴 경우, 연결된 지지점에서 작용하는 수평력은 서로가 밀려나가는 것을 방지한다. 그러므로 수직력만 분산되도록 하면 된다. 〉 그림 59

2.10 프레임

단순한 지지 구조물은 보 혹은 트러스를 얹은 두 개의 기둥으로 구성된다. 그러나 이러한 시스템은 기둥의 상부 혹은 하부가 힌지로 지지되지 않는다면, 안정된 구조물이 될 수 없다. 안정성은 수평 보를 기둥에 굴곡된 형태로 견고하게 연결함으로써 얻어진다. 이러한 구조는 매우 효과적인 시스템을 만든다. 그것이 프레임이다.

레일, 포스트
Rail, Post

프레임에서 수평 부재는 레일rail이라 부르고 지지대를 포스트post로 부른다.

레일과 포스트는 견고하게 연결된다. 이 부재들은 마치 보가 모퉁이에서 굴곡되는 것처럼 작동한다. 그러므로 만약 레일이 하중에 의하여 휘게 될 경우, 휨력을 포스트로 전달할 수 있다. 만약, 부재들이 지지되어 있지 않다면, 이러한 작용은 포스트 바깥 방향으로 작용한다. 지지점은 그러므로 이러한 변형에 견딜 수 있어야 한다. 그리고 그 변형력은 전체 구조로 받아들일 수 있어야 한다. 포스트는 또한 레일에서 일어나는 처짐을 제한할 수 있어야 한다. 그러므로 각각의 레일은 단순지지보와 같이 기능하지는 않는다. 오히려 부분적으로 저항한다.

이 구조는 휨모멘트도를 보면 분명해진다. 프레임 특유의 성질은 프레임의 모퉁이 포스트에 작용하는 저항 효과에 의하여 생성되는 지지점의 모멘트다. 이러한 작용은 프레임 레일의 스팬이 갖는 모멘트를 감소시킨다. 여기에서 하중을 지지하는 능력에 있어 유리한 점은 바로 연속적으로 연결된 구조물이라는 것이다. 이것은 단순한 지지점을 갖는 구조물과는 대조적이다. 지지점에서의 모멘트는 스팬의 모멘트를 감소시킨다. 이러한 작용이 의미하는 것은 보의 단면 치수가 훨씬 작아질 수 있다는 것이다.

또한 프레임의 코너는 지지점의 모멘트에 의하여 매우 높은 하중에 영향을 받는다는 것이 분명하다. 그러므로 코너지점들은 요구되는 굽힘 강도 flexural strength를 갖도록 매우 주의 깊게 구축되어야 한다. 따라서 매우 단순해질 수 있는 구조부재를 조립하여 만들어 내기 위하여 레일과 포스트를 분리하여 생산 제작하도록 하여야 하고 건축 현장에서 조립하여 연결시킬 수 있어야 한다. 그러나 이러한 작업은 유연하되 강성을 갖는 코너를 가져야 한다는 문제를 낳는다. 이 시스템은 이러한 문제에도 불구하고 훨씬 효율적인 이점이 있다. 시작부터 유연하지만 강성을 갖는 코너부가 프레임을 안정적인 시스템으로 만든다. 안정적 시스템의 프레임은 완벽한 내진벽과 같은 기능을 한다. 그리고 매우 강하게 보강된 구조물처럼 사용된다. 〉 그림 61. 구조 보강을 참고

그림 59의 프레임은 두 개의 회전단으로 지지되어 있음을 보여준다. 이러

그림 60:
강재 프레임 구조의 코너부

두 개의 회전절점을 갖는 프레임
two-articulated frame

한 프레임을 두 개의 회전절점을 갖는 프레임 two-articulated frame이라고 한다. 그리고 회전단으로 지지되는 아치와 같이 역학적으로 부정정 시스템이다.

아치와 마찬가지로 더 많은 회전절점을 프레임에 부가한다면, 시스템을 정정 시스템으로 바꿀 수 있다. 이러한 효과는 지지 구조물의 능력에는 거의 차이를 일으키지 않는다. 그러나 세 번째 회전절점을 여러 방식으로 추가하는 것과 같이, 정정 구조물은 어떤 특정 환경에서 시공상의 이점을 가질 수 있다. 힌지는 프레임의 중앙에 혹은 모퉁이 또는 프레임의 코너부에 설치될 수도 있다. 휨모멘트는 힌지에서 제로가 되기 때문에, 더 큰 휨모멘트를 갖는 면적인 부재에서 보다는 바로 이 선적인 요소에서 가능해진다.

고정단 프레임
Restrained frame

프레임의 강도는 지지점에 포스트를 강접함으로써 더 강해진다. 그러한 구조물을 고정단 프레임 restrained frame로 부른다. 그러나 거의 사용되지는 않는다. 왜냐하면, 포스트를 움직이지 않게 제한하는 것은 매우 정교한 작업이기 때문이다.

〉그림 62

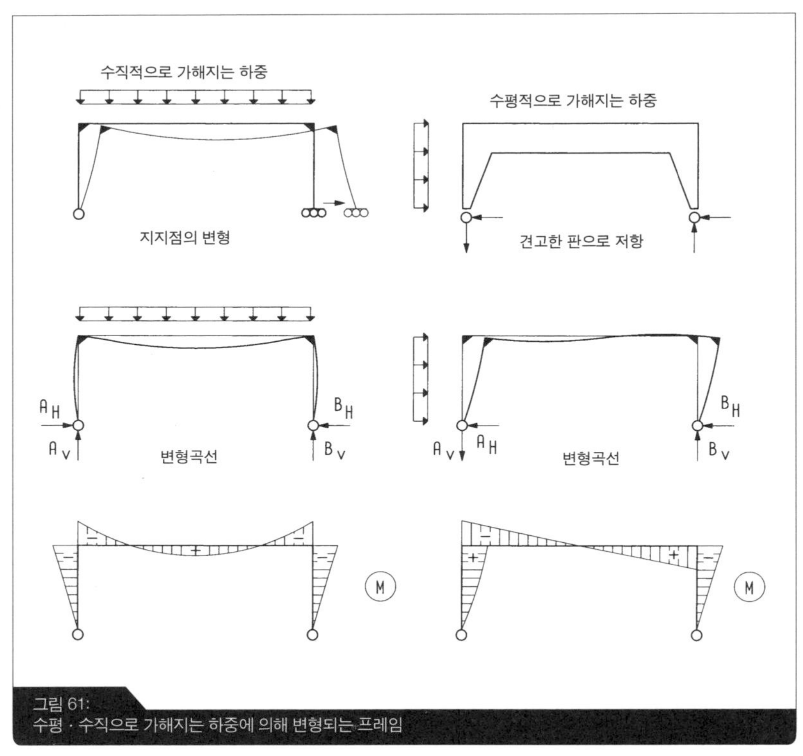

그림 61:
수평 · 수직으로 가해지는 하중에 의해 변형되는 프레임

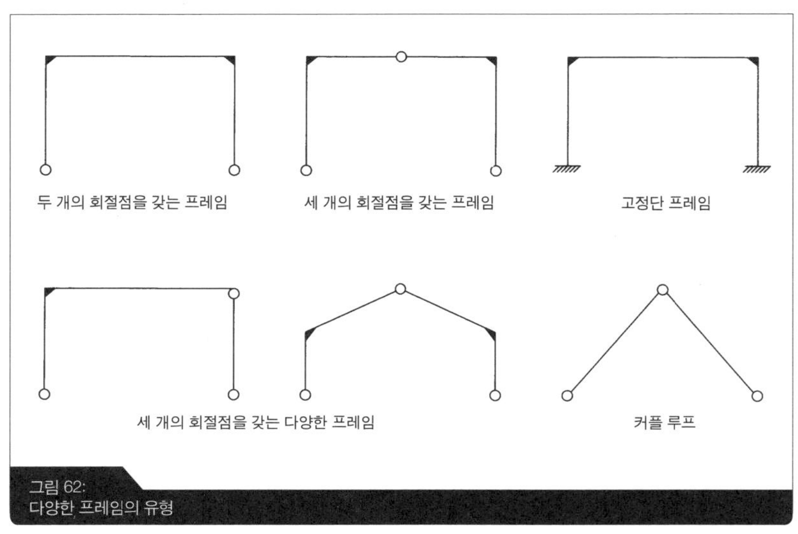

그림 62:
다양한 프레임의 유형

3. 지지 구조물

건축물은 매우 복합적인 3차원적 구조물이다. 무엇보다도, 그러한 구조 시스템은 해석하기에 너무나 복잡하고 힘들다. 그러나 기본적으로 모든 구조 유형은 두 개의 원칙으로부터 시작된다. 입체적 구축과 뼈대 구축이다. 이러한 두 원칙은 초기 건축물부터 시작되었다. 모든 기술들은 두 원칙을 따라 발전되었다. 동일한 법칙이 고대 흙집에서나 고상 구조에서나 그리고 현대 산업 사회의 복잡한 시스템에도 적용된다. 그림 63은 입방체 구조, 뼈대 구조 그리고 복합적 구조물의 기본적인 평면을 보여준다.

3.1 입체 구조

판
Disc

입체 구조는 수직하중 그리고 수평하중을 분산시키는 평평한 부재들로 이루어진다. 벽체와 같은 판석은 수직적으로 쌓거나 혹은 짧은 방향으로 세워 수평적으로 쌓을 수 있다. 그러나 반대로 이러한 구조는 부재를 횡단하는 방향의 힘에는 저항하지 않는다. 예를 들면 그 표면을 가로질러 작용하는 힘들이다. › 그림 64
원판 혹은 벽체는 다양한 방법으로 파손될 수 있다. 부재들은 파괴되거나 부서질 수도 있다. 입체 구조 기술을 사용하는 건축물에서 다른 벽체들을 사용하여 구조를 보강함으로써 이러한 파손을 막을 수 있다. 어떤 특별한 완충제를 입체 구조물의 부재 사이에 충전함으로써 혹은 단면에 채워 넣음으로서 가능하다. 벽체는 서로 상호보완적으로 지지한다. 이러한 지지체는 입체적 구조를 안정되게 만든다.

모듈러 구축 방식
Modular construction method

이러한 유형의 구조를 모듈러라고 부른다. 이러한 벽체를 내력벽, 강화벽 그리고 비내력벽으로 구분한다. 비내력벽은 구조적인 안정성에 어떠한 영향력도

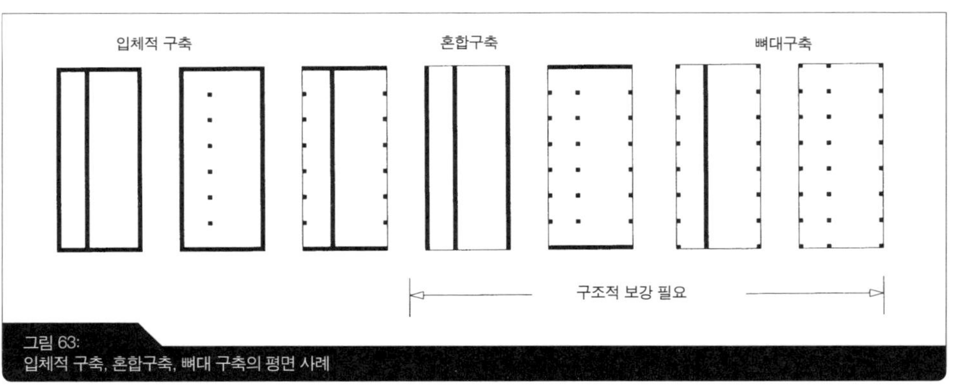

그림 63:
입체적 구축, 혼합구축, 뼈대 구축의 평면 사례

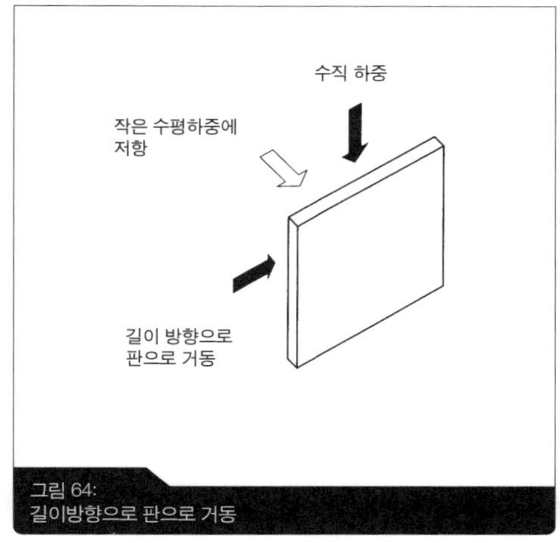

그림 64:
길이방향으로 판으로 거동

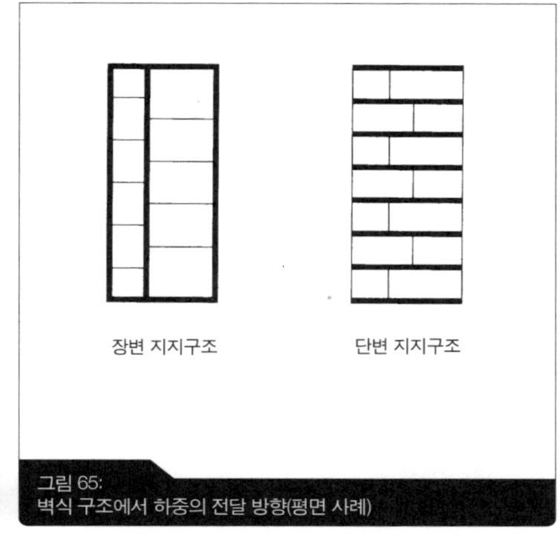

그림 65:
벽식 구조에서 하중의 전달 방향(평면 사례)

미치지 않고 제거할 수 있다. 강화벽은 기본적으로 내력벽과 같이 작용한다. 대개, 내력벽은 매우 두께가 두껍다. 이러한 두께가 천장의 하중을 분산시킬 수 있게 한다.

장변 지지
longitudinal
wall type

입체 구조의 유형은 장변 지지 방식 longitudinal wall type과 단변 지지 방식 transverse wall type으로 구분할 수 있다. 만약 하나 혹은 두 개의 내력벽이 건축물의 장변 방향으로 평행하게 뻗어나간다면, 이것은 장변 지지 방식으로 구분한다. 가장 단순하게 도시의 주거들은 이러한 원리에 의하여 지어진다.

단변 지지
transverse
wall type

단변 지지 방식은 격벽 구조 crosswall construction로 알려져 있는데, 호텔이나 테라스 하우스와 같은 경우의 건축물에 적합하다. 이러한 건축물의 작은 실들이 기본적인 요구조건이 된다. 목재 보를 가진 바닥면을 사용하거나 혹은 하나의 축 방향으로 힘을 가하는 현장 조립을 위한 콘크리트 부재들을 사용하는 경우에, 이러한 유형들 사이에 분명한 구분을 짓는 것이 가능하다. › 그림 65

\\ 참고:

용어로 사용되는 입체 혹은 용적 구축 solid or massive construction, 그리고 뼈대 구축은 건축가에게는 구조 엔지니어만큼 의미가 없을지도 모른다. 위의 설명은 건축적인 용어로 되어 있다. 이 용어는 기하학적인 그리고 구조적인 토대의 언어이다. 구조 엔지니어에게 입체 구축은 석조 구조 혹은 철근 콘크리트 구조물을 다루는 것에 대한 문제가 된다. 그러므로 구조 기술자는 이러한 언어는 재료와 연관시켜 생각하게 된다.

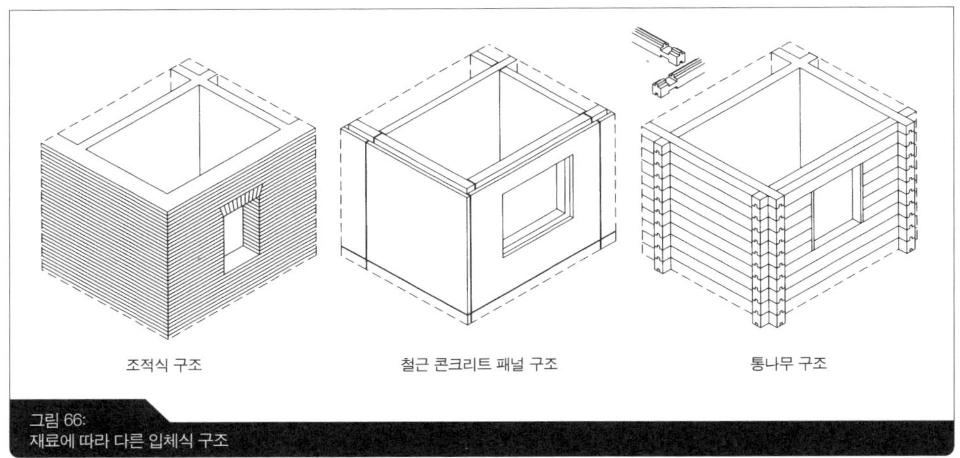

그림 66:
재료에 따라 다른 입체식 구조

조적조
Masonry

최초의 입체 구축은 조적조 건축물이다. 조적조 벽체는 인장력을 흡수할 수 없다. 그러므로 높이, 길이, 두께 방향으로 적절하게 보강해주어야 한다. 인장력은 돌출이나 분쇄 혹은 틈을 만들지 않고 분명한 하중 분산에 의하여 가장 잘 극복된다.

콘크리트
Concrete

슬래브에 관한 설명에서 철근 콘크리트 구조가 인장력 또한 흡수한다는 것을 설명했다. 이러한 사실로 콘크리트 벽체는 조적조 벽체보다는 훨씬 더 안정적이다. 콘크리트로 만들어진 입체 구조는 실의 크기, 스팬, 기둥간격, 공간 크기, 구조적 복잡성에 비하여 훨씬 자유롭게 디자인할 수 있다. 콘크리트는 현장 타설이 가능하고 혹은 미리 제작된 부재를 현장 조립할 수도 있다. 흔히 알려진 바와 같이, 미리 만들어진 거대한 패널 부재들을 사용하여 어떠한 크기의 공간도 만들어 낼 수 있다.

패널 구조 방식
Panel construction method

거대한 패널을 사용하여 시공하는 것은 흔히 사용되는 산업화된 건축 방식이다. 이러한 방식은 대개 대형 패널 구조 large-panel 혹은 슬래브 구조 방식으로 알려져 있다. 구성 부재들은 강구조 부재와 결합되어 하나로 고정된다. 그리고 연속적인 거대한 구조를 만들어낸다.

목재
Timber

종종 목재 구조가 뼈대 구성 방식에 사용된다하지만, 어떠한 구조들은 입체 구조로 구분하는 경우도 있다.

통나무 구조 방식
Log construction method

그 첫 번째는 통나무 구조다. 여기에서 목재의 단면은 수평적으로 차곡차곡 포개지도록 하여 벽체를 완성한다. 이러한 종류의 벽체는 실의 모서리에 혹은 전체 건축물에 반턱이음 halving joint를 사용하여 안정된 형태를 만든다. 목재 산업은

그림 67:
뼈대 구조

최근 수년간 발전하여 패널 구조를 가능하게 할 만큼 시장을 성장시켜 왔다. 그리고 그러한 패널을 만들 수 있는 재료들을 발전시켜 왔다. 이러한 패널 중 어떠한 것들은 목재널판을 본드로 접합한 것도 있다. 마치 집성 목재와 같이 사용된다. 또 어떤 것은 얇은 보드 판들을 서로 직각으로 붙여 베니어판으로 제작된다. 이러한 패널 재료들은 구조 방식들을 서로 다르게 만들고 전통적인 목제 구조 방식과도 매우 다르다. 이러한 방식들은 지금 이 시간에도 여전히 발전 중이다.

3.2 뼈대 구조

뼈대 구조는 공사장의 비계들과 같이 막대기 형태의 부재들로 이루어진다. 패널과 벽체 부재들은 이 구조에 덧붙여진다. 구조 시스템과 내부 공간을 만들어내는 부재들은 원칙적으로 서로 다른 두 개의 시스템이다. 〉그림 68

기본적으로 뼈대 구조는 세 개의 다른 종류의 구조부재로 이루어진다. 그것은 기둥, 바닥 구조를 포함한 바닥의 보, 수평력을 흡수하는 강화 구조체이다. 이러한 구조 부재는 절점 지점에서 재료들을 적절하게 고정시켜서 만들어진다. 거의 대부분의 절점들은 회전단 보이다. 조인트는 고정단으로 완전히 일체되어 거동하지 않는다면 모두 회전단이 된다. 이러한 조인트가 힌지 혹은 더 작은 조인트 형태를 가져야만 하는 것은 아니다.

콘크리트
Concrete

원칙적으로 압축력과 인장력에 저항할 수 있는 어떠한 재료가 뼈대구조에 사용된다. 예를 들어 목재, 스틸, 콘크리트다. 이 재료들은 그 나름의 구축 방식을 가지고 있다. 이러한 구축 방식은 재료를 서로 연결하는데 사용되는 방식들이며 재료가 가진 본래의 특별한 문제들을 극복하기 위한 방식이다. 대개 뼈대 구조에 공통적으로 사용되는 것은 철근 콘크리트 구조이다. 현장에서 거푸집 제작이 가능하고 다양한 가능성을 지닌다. 입체 철근 콘크리트 바닥 슬래브는 일반적으

건축물의 외피
보강이 필요없는 뼈대구조
보강재와 바닥면

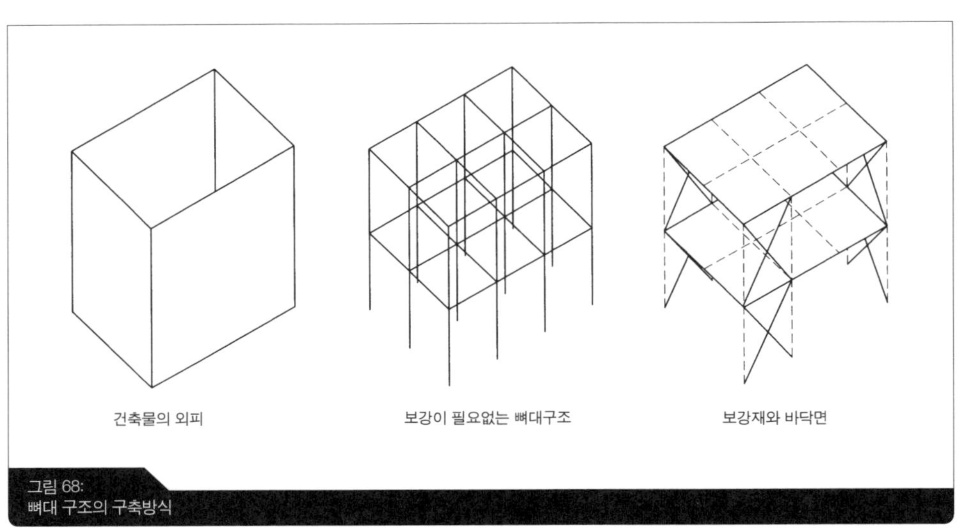

그림 68:
뼈대 구조의 구축방식

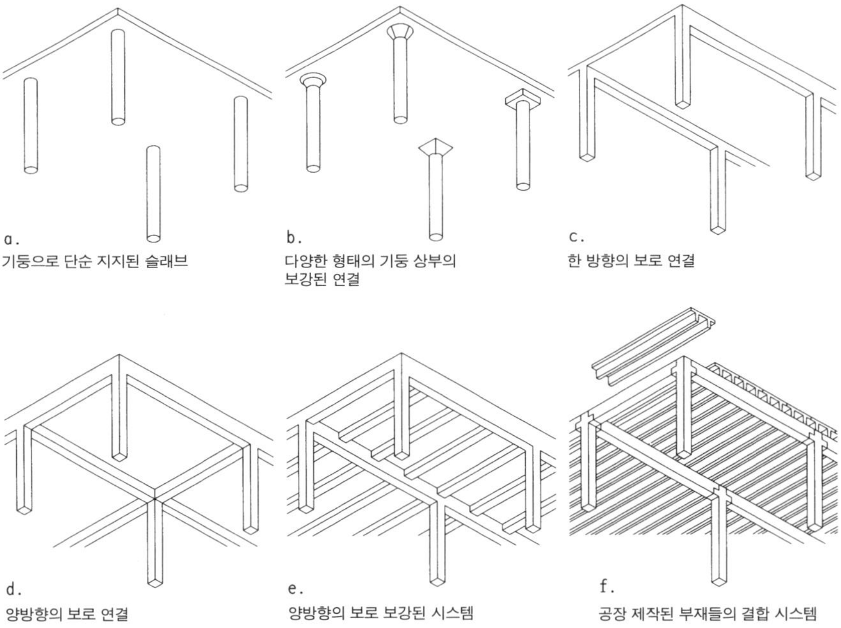

a.
기둥으로 단순 지지된 슬래브
b.
다양한 형태의 기둥 상부의
보강된 연결
c.
한 방향의 보로 연결
d.
양방향의 보로 연결
e.
양방향의 보로 보강된 시스템
f.
공장 제작된 부재들의 결합 시스템

그림 69:
뼈대 구조 방식의 콘크리트 보강

로 현장 타설된 콘크리트 구조이다. 그리고 단지 철근 배근과 기둥만이 부가된다. 이러한 단순성은 이 구조 시스템이 매우 유연하고 다양한 가능성을 가지고 있음을 보여준다. 〉그림 69 a 그러나 지점에서 지지되는 평판 구조 바닥은 제한된 스팬만이 가능하다. 바닥면에서 시작되는 모든 힘들은 기둥으로 전달되어야만 한다. 이러한 사실은 바닥면에서 기둥으로 연결되는 부분에 매우 큰 하중이 작용한다는 것을 의미한다. 바닥면에서 기둥이 뚫고 올라올 위험이 도사린다.

연결부가 보강된 기둥
Splayed-head columns

이러한 시스템에서 스팬이 커진다면 연결부 보강이 사용된다. 〉그림 69 b 스팬이 큰 구조는 기둥과 기둥 사이에 보와 같은 부재를 두게 된다. 그리고 슬래브를 선형 패턴으로 지지하게 된다. 보는 몇몇 다른 방식으로 재배열된다. 스팬에 따라서 단 방향으로 혹은 양 방향으로 하중을 전달하는 시스템을 마련한다. 혹은 주된 구조 시스템에 부가적인 보를 설치하기도 한다. 〉그림 69 c, d, e

〉

뼈대 구조는 사전에 제작된 부재를 사용하여 세워질 수도 있다. 이러한 다양한 공장에서 사전 제작되는 시스템은 천장, 보, 기둥, 기초들에 사용된다. 이 부재들을 현장으로 이동하는데 있어서 중요한 문제는 부재의 크기이다. 구조 부재들은 이상적으로는 경제적으로 실현가능하게 하기 위하여 대형 트럭에 적재할 수 있는 규정된 하중 단위와 치수 단위로 제작되어 한다. 건축 현장에서 빈번하게 일어나는 일 중 하나는 하나의 부재를 다른 부재 위에 설치하고 안전하게 위치를 잡아 고정하는 일이다. 이러 과정에서 보는 원칙적으로 회전절점을 이룬다.

Pi 플레이트
Pi plate

Pi 플레이트 Pi plate(I, H 형강)는 평판 바닥 대신에 공장 제작된 바닥 요소로 사용된다. 두 개의 리브를 가진 좁은 플레이트를 말한다. 이 부재는 서로 연결되어 바닥 슬래브를 만들어낸다. 이 Pi 플레이트는 T형 보의 원리를 따른다. 그러므로 매우 큰 스팬을 가능하게 한다. 이러한 종류의 바닥 슬래브는 콘크리트 보위에 올려 사용된다. 〉그림 69 f 그리고 슬래브를 참고

강재
Steel

강구조는 대개 뼈대 구조다. 이 구조는 일반적으로 표준화된 강재 단면에 의하여 구축된다. 이러한 단면들은 서로 다른 특성을 갖는 표준단면으로 환산된다. 〉그림 70 하중에 따라서 필요한 크기는 역학적 연산에 의하여 정확하게 결정된

\\ 참고:
바닥 구조물의 특성은 각 층 슬래브 단면 높이에 크게 영향을 받는다. 그러므로 가능한 한 단면이 그려지는 시기로부터 일찍 구조적으로 검토되어야만 한다. 바닥 판의 스팬이 넓을수록 구조 부재의 높이는 커야만 한다.

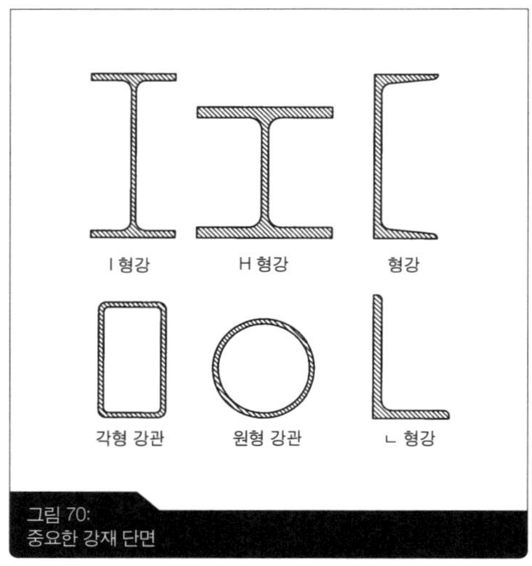

그림 70:
중요한 강재 단면

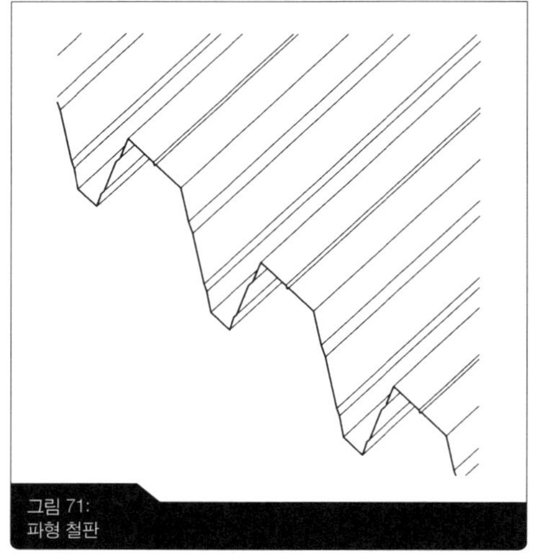

그림 71:
파형 철판

다. 표준 단면 치수는 60cm 높이까지 단계적으로 생산된다. 단위 치수가 더 큰 부재가 필요하다면, 철판을 접어 사용하면 된다. 강구조에서 부재들은 강판으로 알려진 수 센티미터 두께로 만들어진다.

파형 철판(골판)은 일반적으로 넓은 면적을 덮어야 할 경우에 사용된다. 이러한 골판 형태의 파형 철판은 이등변 삼각형으로 접혀진 지지시스템으로 하중을 견딘다. 그러므로 매우 큰 스팬에 걸쳐 기능하고 바닥면 혹은 지붕 구조물에 사용된다. 〉 그림 71

대개 강구조의 부재들은 이동 가능한 크기로 강구조물 공장에서 미리 만들어진다. 그리고 현장에서 조립된다. 제작 업체에서는 강구조물을 제작하는데 용접을 사용한다. 용접은 강구조를 생산하는 가장 좋은 방식이다. 그러나 현장 조립에서 용접을 사용하는 것은 어렵다. 그러므로 부재를 연결하는데 고장력 볼트를 사용한다.

\\ Tip:
현재 사용되는 모든 구조 부재의 참고 자료들은 강구조 단면 치수와 역학적 치수들을 정확하게 제시하고 있다. 일반적으로, 이러한 표에 의하여 얻어진 단면들이 건설된다. 이러한 단면은 사용하는데 있어서 어떠한 강구조 건설에서도 매우 확실하고 경제적으로 유리한 결과들을 제공한다.

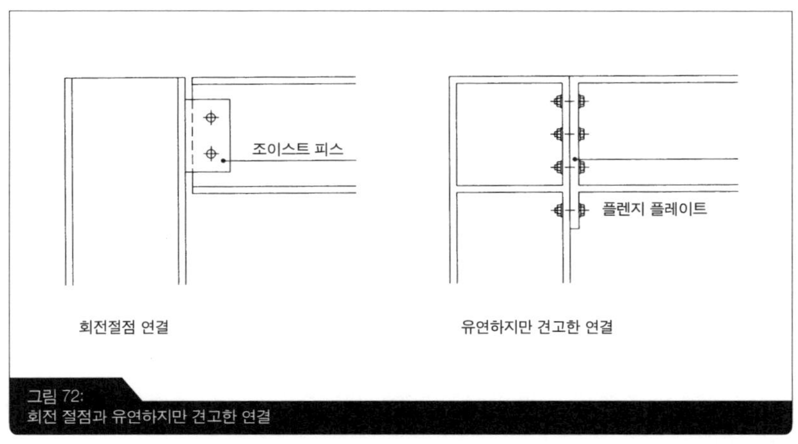

그림 72:
회전 절점과 유연하지만 견고한 연결

물론 강구조에서도 허용가능한 정도의 노력과 비용으로 유연하지만 강도가 높은 코너부를 만드는 것은 가능하다. 이러한 방식은 기둥과 보가 가능한 보강을 통하여 지지구조제의 전체 구조물을 형성하도록 하나도 묶어 고정할 수 있다는 것이다. 〉 프레임 참고

매우 큰 힘을 다루기 위하여 프레임의 모서리 부분은 살리기 T형(I형, H형) 단면의 강재를 사용한다. 수평부제로 사용되는 두 플렌지는 포스트에 플렌지끼리 서로 강하게 고정되어야만 한다. 그리고 고장력 볼트는 가능한 한 서로 떨어져서 설치되어야만 한다. 반대로 회전 조인트를 두기 위하여, 리브는 매우 단순한 강판 조인트 부재와 함께 고정될 수 있다. 〉 그림 72

내화구조
Fire protection

비록 강구조가 매우 강하고 효과적으로 보이긴 하지만, 이 구조는 화재시에 목재 구조보다도 더 위험하다. 강재는 높은 열에 노출되어 약해진다. 그리고 매우 빨리 전체 하중을 지지하는 능력을 잃고 만다. 그러므로 강재는 초고층 빌딩의 경우 화재로부터 보호되어야만 한다. 예를 들어, 방화 플라스터 혹은 발포 페인트 등으로 도포하여 강구조부재들을 보호한다.

결합구조
Composite constructions

화재에 가열된 강재의 하중을 지지하는 능력을 잃지 않게 하기 위하여 콘크리트와 함께 조합하여 구조체를 만들기도 한다. 예를 들어 이러한 철골 콘크리트 구조에서 원통형 강재의 단면을 콘크리트로 채울 수 있다. 혹은 살리기 T형 강재(I형, H형)의 단면을 콘크리트로 감싸는 것이다. 또한 열에 의한 가열을 낮추기 위하여 사용될 뿐 아니라, 콘크리트는 화재시에 하중지지 능력을 상당 시간동안 유지하도록 한다. 〉 그림 73

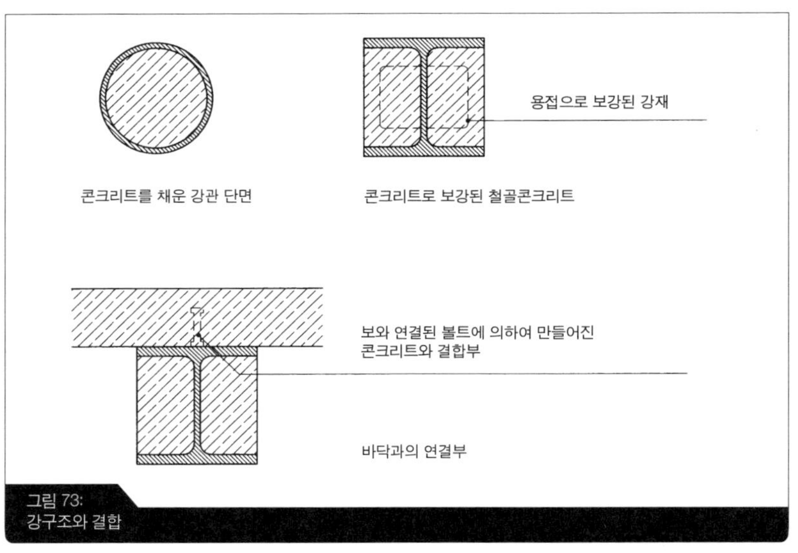

그림 73:
강구조와 결합

목재
Timber

목재는 알고 있듯이 손쉽게 목구조를 만든다. 다양한 문화에서 아주 오래된 그리고 매우 잘 만들어진 목재 구조 기술들이 남아 있다. 이러한 방식은 매우 복잡한 문제들을 해결한다. 왜냐하면 이러한 방식은 소수의 구조 방식일 뿐 아니라 한정된 구조 부재들을 서로 다르게 조합하고 결합하는 방식들이다.

전통적인 목재 프레임 구조
Traditional timber-frame construction

전통적인 목재 프레임 구조는 진흙이나 블록으로 충진된 뼈대 구조로서 아주 순수한 형태들이다. 장인의 수공예로 만들어지는 방식으로 목재 조인트는 기술적으로 잘 발전된 형태를 가진다. 어떠한 철재 연결 부속품도 필요하지 않다. 목재 프레임 건축물은 오늘날 거의 지어지지 않는다. 그러나 오래된 역사 지역에서 자주 발견된다.

경골 구조
balloon frame
플랫폼 프레임 구조
platform frame

미국의 경골 구조 balloon frame 그리고 플랫폼 프레임 구조 platform frame를 사용하는 목구조 시공방식은 전통적인 목재 프레임 구조와는 다르다. 전통적인 목구조는 통나무 혹은 널빤지와 같은 목재 부재를 사용한다. 그리고 그러한 부재들은 그 자체로서는 하중을 견디는 지지능력이 부족하다. 그리고 목재 부재는 벽체의 표면을 덮거나 한다면 표면은 원래대로 유지되지도 않을 뿐더러 휘어지고 깨어지기 쉽다. 목재 널빤지는 구조부재의 리브와 같이 작동한다. 부재는 다른 부재를 덧댐으로써 안정된다. 그러므로 이러한 방식은 종종 리브 구조 rib construction로 부른다. 주된 연결방식은 못을 치는 것이다. 이러한 유형의 구조는 매우 경제적이고 유연하게 대처할 수 있다.

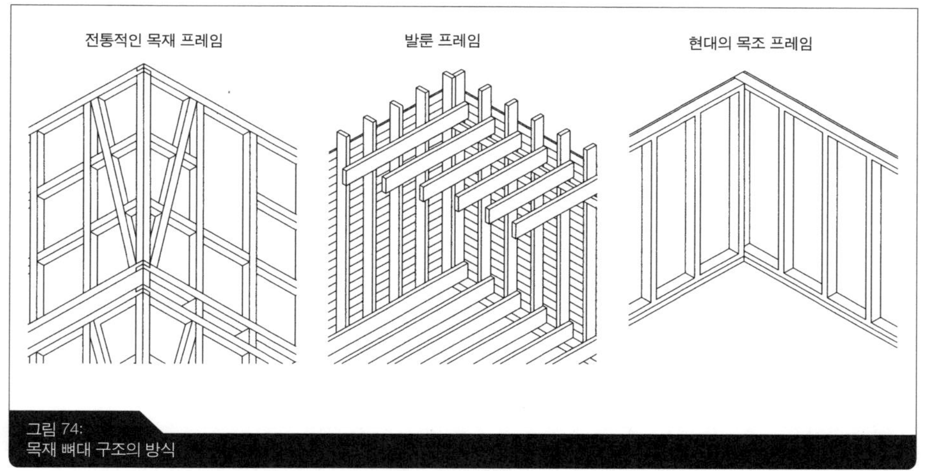

그림 74:
목재 뼈대 구조의 방식

목재 뼈대 구조공학
Engineering timber skeleton construction

현대 목재 프레임 구조
Modern timber frame construction

목재 뼈대 구조를 다루는 현대 구조 기술은 역학적인 관점에서 볼 때 이상적인 하중지지 시스템을 얻는다. 그것은 전혀 다르게 구축된다. 집성재를 사용하거나 매우 다른 형태의 판형 목재 부재를 사용하기도 한다.

목재 구조에서 공장 제작은 점점 더 늘어나는 추세다. 벽체, 바닥 부재들은 대형 트럭으로 이동하기 편한 치수로 제작되고 조립하기 좋은 크기로 준비된다. 목재 프레임은 이러한 작업을 하기에 안성맞춤으로 여겨진다. 공장 제작 부분들은 목재를 켠 판을 이용하여 만들어 진다. 그리고 하중을 지지하는 단면들은 서로 하나로 강하게 묶는다. 어떤 부분들은 내부에 이미 충진되어 제작되며, 표면 처리되고, 창호들도 제작되어 제공된다. 그리고 하나로 조립하기만 하면 된다. 비슷하게 미국적인 방식을 보자면, 전체 프레임의 단면은 하중을 지지하는 구조를 만들기 위하여 집성목의 면들을 사용하도록 고안된다. 〉그림 74

3.3 보강

뼈대 구조를 계획할 때, 기둥과 바닥판을 구축하는데 있어서 주목적은 대개 사하중과 수직하중을 분산시키려는 것이다. 또한 수평하중에도 주의를 기울여야만 한다. 가장 중요한 수평하중은 풍하중이다. 풍하중은 건축물의 어떠한 방향으로도 작용할 수 있다. 조인트는 일반적으로 회전절점으로 구성되기 때문에, 뼈대 구조는 수평하중에 거의 저항하지 못한다. 그러므로 효율적인 보강이 필요하다. 예를 들면, 파사드로부터 기초까지 수평하중을 전달하기 위한 구조를 추가하는

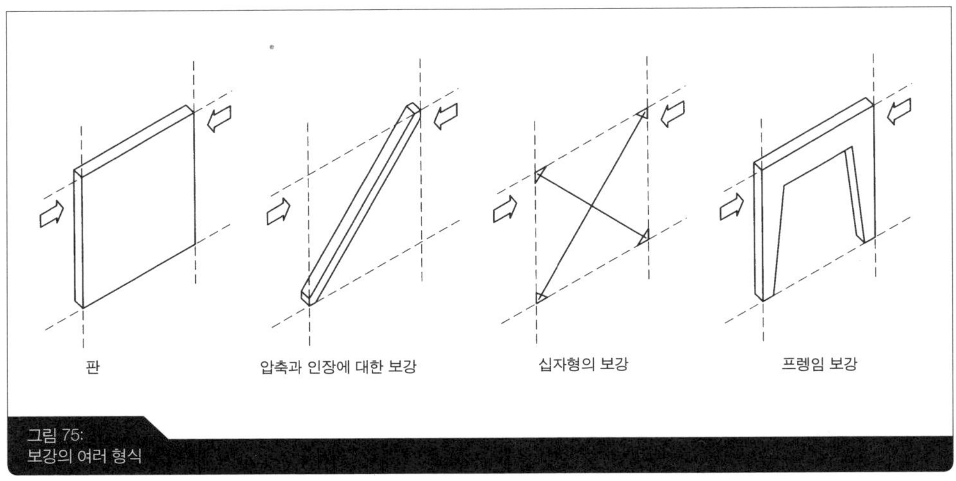

그림 75:
보강의 여러 형식

것이다.

구조적인 보강은 하나의 판처럼 작용하게 하는 것이다. 횡단면으로 작용하는 수평력을 받아들이고 그것을 아래쪽으로 분산시키도록 한다. 고층 빌딩에서 이러한 보강재들은 수직 구조 부재처럼 거동한다. 이 부재들은 풍하중을 분산시켜 모든 평면에서 기초로 하중을 옮긴다.

판은 입체가 될 수 있다. 주로 석조구조 혹은 콘크리트로 만들어진다. 판 작용은 뼈대 구조의 한 구획을 횡단하는 버팀대에 의하여 만들어 진다. 이러한 버팀대는 어느 방향으로 가해지는 하중의 압축력에 반작용한다. 그리고 다른 방향으로는 인장력에 저항한다. 동일한 효과가 대각선으로 교차하는 인장 저항 구조에서 얻어질 수 있다. 〉 그림 75 프레임 시스템의 보강재의 작용은 프레임에서 확인할 수 있다.

뼈대 구조는 서로 대각선 방향으로 그리고 장축 방향으로 보강되어야 한다. 어느 한 방향으로의 보강은 충분하지 않다. 왜냐하면, 평면에서 보자면, 두 개의 판을 이루는 요소가 항상 하나의 지점에서 교차하기 때문이다. 이러한 교차는 하나의 점을 이룬다. 이 점 주변에서 구조 부재는 뒤틀리고 붕괴된다. 이러한 현상을 막기 위하여, 우리는 보강을 위한 새로운 평판을 만들어야만 한다. 이러한 판을 필요로 하는 곳에 적절하게 위치시켜야 한다. 그리고 이 판은 동일한 서로 교차하지 않는 세 지점에서 지지되어야만 한다. 〉 그림 76 a

구조의 보강은 평면의 서로 다른 방향으로 조직되어야 한다. 그러나 보강재

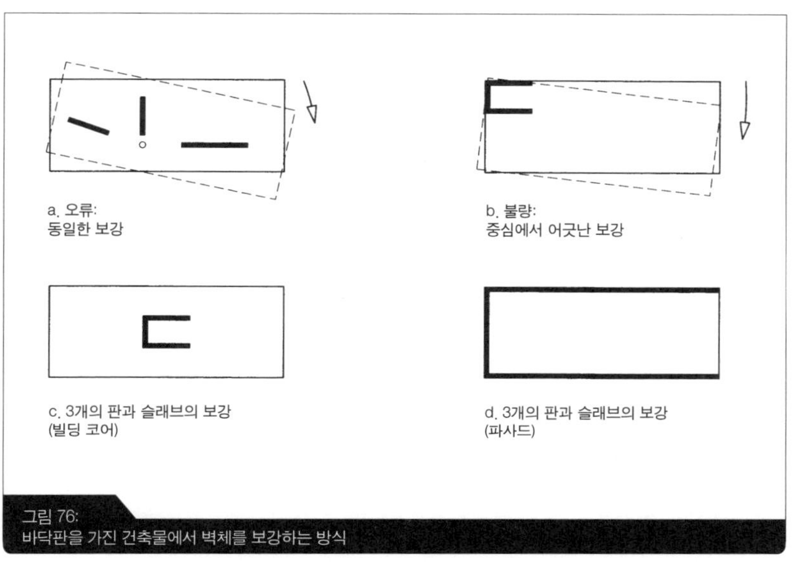

그림 76:
바닥판을 가진 건축물에서 벽체를 보강하는 방식

는 중심에서 가까운데 위치되어야 한다. 왜냐하면, 그렇지 않을 경우, 건축물의 장축 방향의 단면에서 볼 때, 보강재 주변으로 너무 큰 회전 반경을 가질 수 있다. 그렇게 되면 보강재 주변으로 너무 큰 힘이 가해진다.

바닥판
Floor disc

뼈대 구조는 수평적으로 하중을 받을 수 있다면, 한 방향에서 시작된 모든 힘들은 벽체 판으로 전달되도록 계획 되어야 한다. 이러한 사실은 그림 76에서와 같은 견고한 바닥판을 요구한다. 바닥판은 바닥판 위로 드러난 연결부재들을 묶고 있는 보강재로 구성되어야 한다. 수평 수직 연결재만을 갖는 바닥은 판을 구성할 수 없다. 왜냐하면 서로 연결되어 밀려갈 수 있기 때문이다. 모든 수평력이 보강 구조로 전달되는 것은 아니다. 그러나 중간층에 놓인 바닥판들은 버팀대나 격자 버팀대를 통하여 견고한 판으로 만들어 질 수 있다. 〉 그림 77

고층 빌딩에서 건축물의 코어는 화재 피난 동선과 엘리베이터 샤프트 등으로 구성된다. 이 코어는 종종 보강 구조로 사용된다. 이 코어는 대개 격자형으로 닫힌 벽체로 구성되고 지붕으로부터 기초에 까지 연결된다. 또한 수직적인 하중 지지 부재처럼 작동한다. 초고층 빌딩에서 수직하중보다도 수평하중을 분산시키는 것은 더 중요한 문제가 될 수 있다. 왜냐하면 바람의 세기가 훨씬 더 커질 수 있기 때문이다. 건축물의 코어가 초고층 빌딩의 보강 구조를 제공한다고 해도, 또 다른 가능성이 존재한다. 전체 빌딩의 파사드를 수직 트러스 거더 vertical trussed girder 처럼 작용하도록 만들어야 한다는 것이다. 그렇게 함으로써 건축물의 전체 폭을

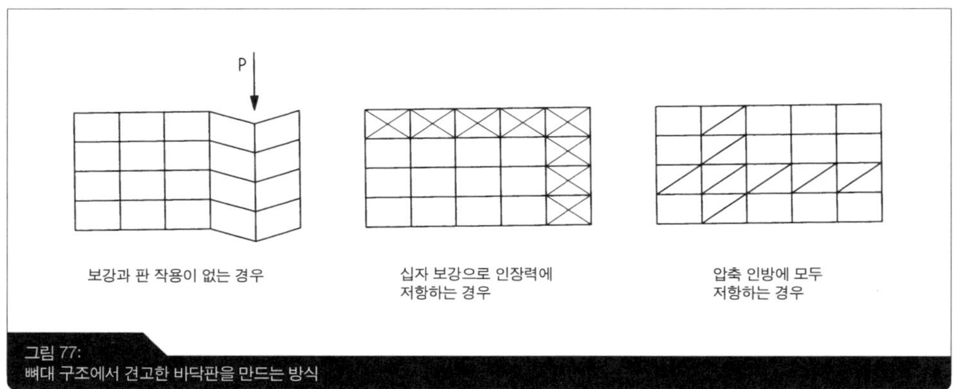

그림 77:
뼈대 구조에서 견고한 바닥판을 만드는 방식

커버하는 최대 넓이를 갖는 보처럼 작동하는 것이다.

건축가에게, 중요한 질문은 그들의 디자인이 적절하게 보강되어질 수 있는가 혹은 아닌 가이다. 또는 다르게 말하자면, 그 디자인이 안정적인가 아닌 가이다. 덧붙이자면, 견고한 구조 시스템과 그렇지 않은 시스템은 분명한 차이가 있다. 그러한 차이는 어떻게 전체적으로 혹은 어떻게 중심부분에 보강 구조를 배치할 것인가에 달려있다. 서로 다른 보강 방식은 동일한 보강 효과를 제공하지 않는다. 여기에서 견고한 구조 시스템인가 아닌가가 결정된다.

3.4 거대 공간

홀 개념은 궁극적으로 거대 공간을 감싸고 있는 구조를 의미한다. 이러한 공간은 입체 구조 혹은 뼈대 구조를 사용하여 만들어진다. 그리고 어떠한 이해 가능한 형태를 갖는다. 이들 구조가 공통적으로 갖는 것은 지붕을 덮는 구조에 매우 큰 스팬을 필요로 하는 것이다. 지붕의 기하학적 형태는 다양한 방식으로 디자인될 수 있다. 지붕보를 설치하기에 유리한 형태로, 혹은 지붕의 표면으로 우수를 쉽게 흘려보내는 형태, 혹은 지붕이 태양광을 충분히 받을 수 있는 형태로 만들어진다.

톱날지붕
Shed roof

천창을 두고 태양광을 따라 건축물을 길게 배치할 수 있다. 혹은 하중을 받는 구조의 방향으로 지붕을 놓을 수도 있다. 그리고 여러 톱날을 만들어 지붕(톱날지붕)의 부분 부분이 하중을 감당하도록 할 수도 있고 외쪽지붕으로 만들 수도 있다. › 그림 78

그러므로 홀은 거대한 스팬을 갖는 지붕의 하중을 지지하는 구조를 요구한

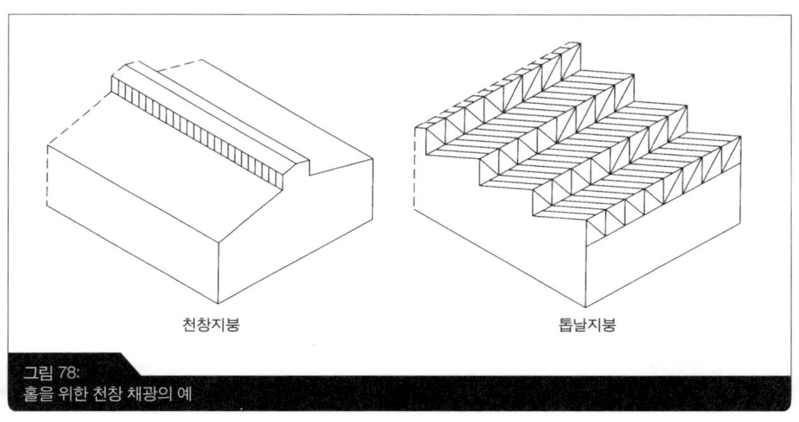

그림 78:
홀을 위한 천창 채광의 예

다. 그러므로 가벼운 구조 부재를 사용하는 것이 유리하다. 왜냐하면 전체적으로 구조에 부과되는 사하중을 줄일 수 있기 때문이다.

역학적 시스템의 많은 경우가 홀을 구축하기 위하여 사용된다. 가장 일반적인 것을 설명하면 아래와 같다.

트러스
Truss

기둥 혹은 벽체위에 올려져 있는 거대한 보는 루프 프레임 혹은 트러스로 이해된다. 왜냐하면 그러한 지지점이 회전절점이기 때문에 이러한 종류의 구조는 견고한 지붕 판과 파사드를 만들도록 보강되어야만 한다. 혹은 기둥들을 서로 엮어 보강한다. 지붕 트러스는 목재, 강재, 콘크리트로 만들어질 수 있다. › 그림 79

아치
Arch

아치는 거대한 스팬에 적절한 구조 시스템이다. 그러므로 홀에서도 하중이 주로 일반력으로 분산되기 때문에 그리고 휨모멘트는 작용하지 않기 때문에 아치는 효과적이다. 그러나 이러한 해결책은 지지점에서 거대한 수평력을 받아내야만 한다. 아치는 쉽게 바닥면에 부착될 수 있다. 그러므로 아치는 기초까지 하중을 직접 전달할 수 있다. 혹은 버팀벽과 같은 구조를 사용하여 보강한 벽체 혹은 기둥도 세울 수 있다. 양쪽 지지점에 작용하는 수평력의 균형을 맞추기 위하여 지지점 사이에 결속 부재를 사용하여 묶는 것도 가능하다. 그렇게 되면 오직 수직력만이 벽체로 전달된다. › 그림 80 그리고 아치 참고

프레임
Frame

프레임 구조는 홀 구조에 적합하다. 프레임은 모든 종류의 지붕 구조의 기하학적 형태를 만들어 낼 수 있다. 이것은 아치와는 구별된다. 대칭적인 형태는 2 혹은 3개의 회전절점을 갖는 프레임 구조를 보완한다. 그러나 단면 치수는 휨모멘트도에 적절히 따라야 한다. 그러한 결과, 프레임은 특별한 기하학적 형태와 하중의 패턴을 갖도록 결정된다. › 그림 81 그리고 프레임구조 참고

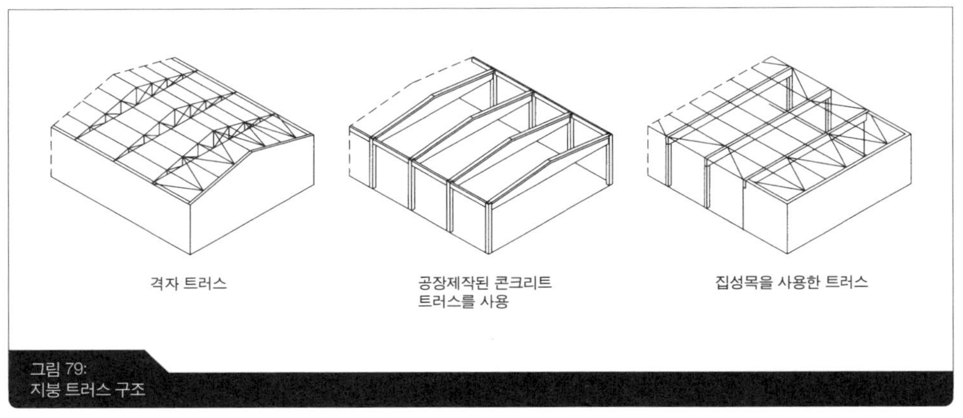

그림 79:
지붕 트러스 구조

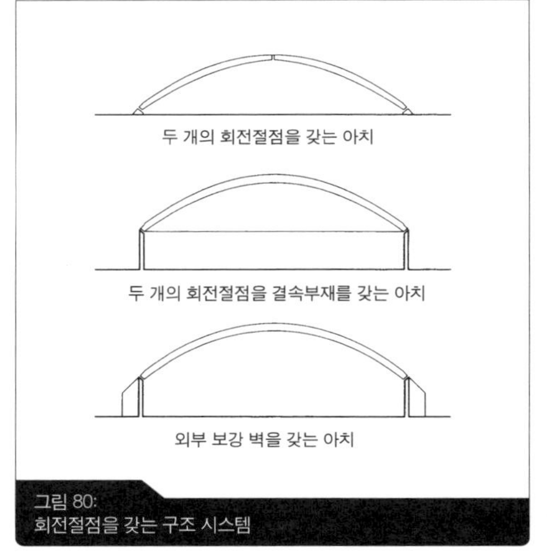

그림 80:
회전절점을 갖는 구조 시스템

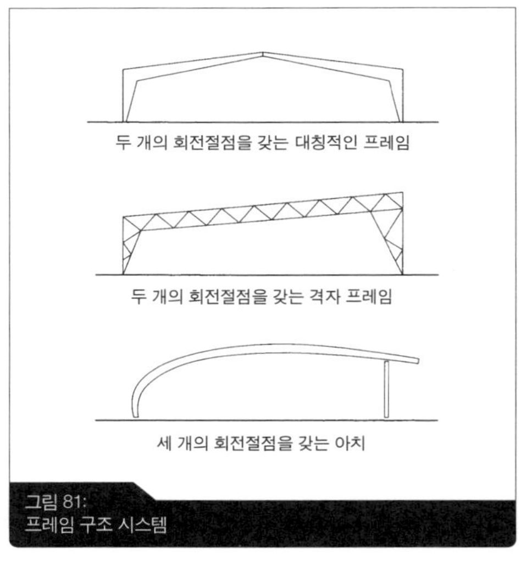

그림 81:
프레임 구조 시스템

격자형 보
Beam grid

한 방향으로 공간을 가로지르는 거더girder로 구성된 시스템을 프레임이라고 한다. 이러한 구조는 의도적으로 유도된 시스템이다. 모든 측면에서 부과되는 하중을 분산시킬 수 있는 구조 시스템을 디자인하는 것이 가능하다. 여러 측면에서 하중을 분산시키기 위하여 우선 공간을 여러 방향으로 적절한 스팬을 갖도록 세심하게 고려해야 한다. 여기에서 거더는 서로를 묶는다. 결과적으로 격자형 보 형성한다. 이러한 종류의 거더로 이루어진 그리드는 다양한 서로 다른 재료들로 만들어질 수 있다. 거더는 연결부를 통하여 현장에서 콘크리트 타설로 조립가능하다. 결과적으로 하나의 거대한 덩어리가 만들어진다. 각각의 횡단면을 보자면 유연하

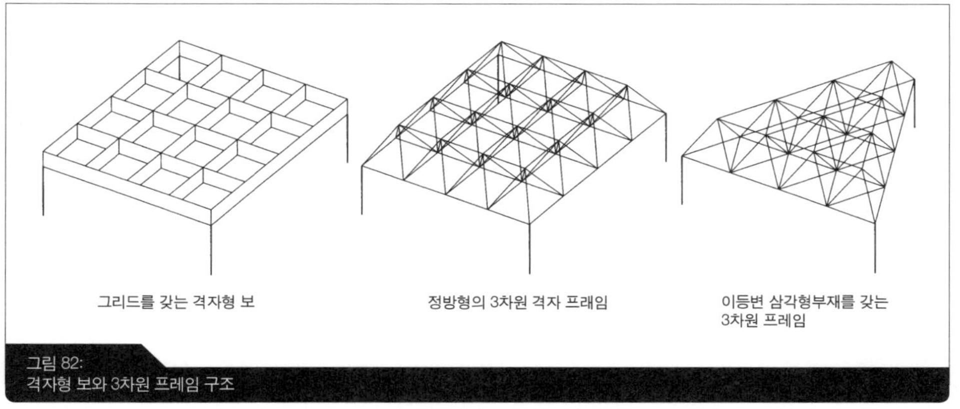

그림 82:
격자형 보와 3차원 프레임 구조

게 거동하지만 견고한 연결부들이 생겨나고 강구조와 목재로 이루어진 통합적인 단계에서 더욱 효과적으로 작동하는 구조물이 된다.

3차원 프레임 구조
Three-dimensional sional frame works

트러스로 이루어진 거더는 3차원 구조 시스템으로 만들어질 수 있다. 이러한 구조 시스템을 3차원 프레임 구조라고 부르고 바bar와 연결부node로 나뉘어 디자인 된다. 3차원 프레임 구조는 공장에서 미리 제작되어 이동한 후 현장에서 조립된다. 〉그림 82

보강
Reinforcement

홀 공간을 위하여 보강 혹은 강도를 높이는 것은 이전에 설명한 원칙들을 따르는 것이다. 그러나 다른 시각이 연상되어야만 한다. 예를 들어 하나의 축 방향만을 보강하는 것은 일정 크기 이상의 홀 구조에서는 충분하지 않다. 왜냐하면 지지 구조 내에서 하중은 매우 먼 거리를 이동하기 때문이다. 그러므로 한 방향만 보강된 구조는 전체적으로 보자면 충분히 견고할 수가 없다.

매우 긴 거더는 그 스팬에 적절한 단면치수가 필요하다. 그러나 휨 방향으로 혹은 반대방향으로 파괴될 위험이 있다. 〉그림 44 풍하중이나 혹은 매우 크게 작용하는 수직하중에 의하여 파손될 위험이 있다. 이러한 문제를 극복하기 위하여 지붕에 박공을 보강하거나 부가적인 구조를 더한다. 그리고 풍하중을 처마로 전달시키도록 유도한다. 거더를 가로지르는 부재를 덧댐으로써, 즉 부가적인 트러스를 통하여 보강할 수 있다. 수평지지구조를 하나의 면으로 만들어 낸다. 그렇게 하여 파괴를 방지한다. 〉그림 83, 보강 참고

홀 구조를 만들어 내는데 강재는 이상적인 재료이다. 강재 구조는 가볍고 높은 하중지지 능력을 가지고 있으며 모든 상상 가능한 역학적 시스템을 경제적으로 만들어 낼 수 있다. 가장 유리한 점은 유연하면서도 견고한 연결부를 쉽게 만들

어 낸다는 것이다.

목재 역시 홀 구조에 유리한 재료이다. 집성재로 만들어진 아치, 트러스 혹은 프레임 구조는 혹은 원목으로 만든 격자 트러스가 사용된다. 프레임 구조에 필요한 유연하지만 견고한 연결부를 집성재를 이용하여 쉽게 만들 수 있다.

콘크리트 홀 구조 역시 공장에서 만들 수 있다. 콘크리트 하중지지 시스템은 다른 홀 구조물과는 다르다. 콘크리트 홀 구조에서 기둥은 기초에 고정된다. 그러나 트러스는 지지점에서 회전절점으로 연결된다. 철근 콘크리트 트러스는 일반적으로 강재를 사용한 프레임 구조로 만들어 진다. 그러므로 이러한 시스템은 거더의 기하학적 형태를 결정하는데 선택의 폭이 좁다.

3.5 판구조

아치와 케이블을 설명한 장에서 구조적인 부재들은 압축력 혹은 인장력과 같은 하중을 분산시킨다고 설명했다. 그러나 휨 하중을 갖는 거더와는 다르게 작용한다고 했다. 이러한 하중을 전달하는 원리는 판 구조물을 사용하여 3차원적으로 만들어질 수 있다. 이러한 디자인 방식에는 다양한 가능성과 서로 다른 개념적인 결과들이 생겨난다.

절판구조 / 쉘구조
Folded plates / shells

절판 Folded plates 은 평평한 판재를 접어서 만든다. 그리고 하중을 지지하는 능력은 이러한 접힌 면들이 갖는 판의 작용에서 기인한다. 반면에 쉘구조 shell 는 그 형태부터 매우 다르다. 만곡된 면을 갖는 하중 구조 시스템이다.

보와 같이 작용하는 판구조
Beam - like plate structures

쉘 혹은 절판구조는 보와 같이 아주 먼 지점과 지점을 지지할 수 있다. 그러한 구조물을 하나로 연결하여 지붕을 만들어 낼 수 있다. 거대한 스팬을 다루는 데에는, 가능한 한 작은 자중을 갖고 더 큰 구조역학적인 높이를 갖도록 구축되어야만 한다. 보와 같은 작용을 하는 판 구조물은 이러한 경우에 매우 유용하다. 왜냐하면, 판 구조물의 휘어지거나 혹은 접힌 보의 단면 때문이다. 그러한 구조의 거동은 물결모양으로 주름지게 한 얇은 종이들의 거동과 비슷하다. › 그림 71 보와 같이 거동하는 판 구조물은 모서리에서 지지되어야만 하고 단부의 변형으로부터 붕괴되는 것을 막아야만 한다. › 그림 85

인장/압축 하중을 받는 판구조
Tension-/compres-sion-ldaded plate structures

아치와 케이블을 기반으로 구조화된 하중지지 시스템과 마찬가지로, 판구조물은 그 하중의 유형에 따라서 다르게 구분된다.

돔구조, 쉘구조
Domes and shells

돔, 쉘, 그리고 이와 비슷한 지지구조는 일정한 면적에 압축력을 부여한다. 그리고 다른 부분에는 인장력을 일으킨다. 그러한 힘이 작용하는 주변부를 연속적으로 지지한다면, 면 구조물은 하중을 더 쉽게 전달할 것이다.

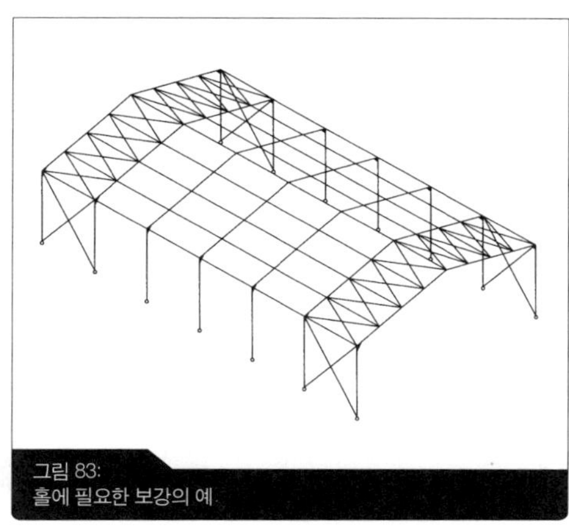

그림 83:
홀에 필요한 보강의 예

케이블망구조
cablenet
construction
막구조
membrane
construction

반대로 케이블망구조 cablenet construction, 막구조 membrane construction와 같이 모든 매달린 구조물은 인장력만이 작용한다. 콘크리트 구조 역시 인장력이 작용한다. 이러한 구조는 유연하지만 견고한 주변부의 보와 케이블에 의하여 지지된다. 주변을 둘러싸는 케이블은 기초에 연결된 단단한 결속부재와 인장력을 받아들이는 케이블 정착구 anchorage를 통해서 매우 강력한 인장력을 분산시킨다.

단일/이중곡선 표면
Sigle - / double -
curved surfaces

한 방향으로 단순한 곡선 Single-curved surface을 만들지만 다른 방향으로는 직선을 이루는 표면. 모든 휘어진 표면은 하나의 평평한 표면으로부터 만들어진다. 그것은 종잇장처럼 움직인다. 그리고 단일한 곡선을 그린다. 이러한 경우 단면은 원통형이거나 원뿔을 갖는다. 이 구조들은 표면의 단부에서 지지된다. 그것은 보 혹은 다른 긴 측면 부재를 통해 지지된다. 이러한 빔을 지지하는 것과는 달리, 장변 방향으로 지지되기도 한다. 단일한 곡선 single-curve을 갖는 쉘은 그 하중을 형태를 따라서 아치가 하중을 분산하는 것과 동일한 방식으로 작동한다.

이중 곡선 Double-curved을 갖는 부재는 평활한 표면으로부터 만들어진 쉘 구조가 아니다. 그림 86에서 보는 바와 같이 다양한 사례가 있다. 이중 커브는 표면을 3차원적으로 견고하게 만든다. 케이블망 그리고 막구조와 같이 인장력이 부과된 표면은 적절한 인장강도를 미리 얻고 있기 때문에 쉽게 변형되지 않는다. 그러므로 압축력이 가해진 블록 혹은 콘크리트로 만들어진 쉘은 재료가 그다지 두꺼운 재료가 아니라 하더라도 하중을 지지하는 표면을 만들어 낸다.

쉘 혹은 돔은 한 방향으로 작동하는 이중 곡선을 갖는 판 시스템이다. 두 곡선은 하나의 점으로 향한다. 반대 방향으로 가는 곡선으로 된 표면은 안장형 표면

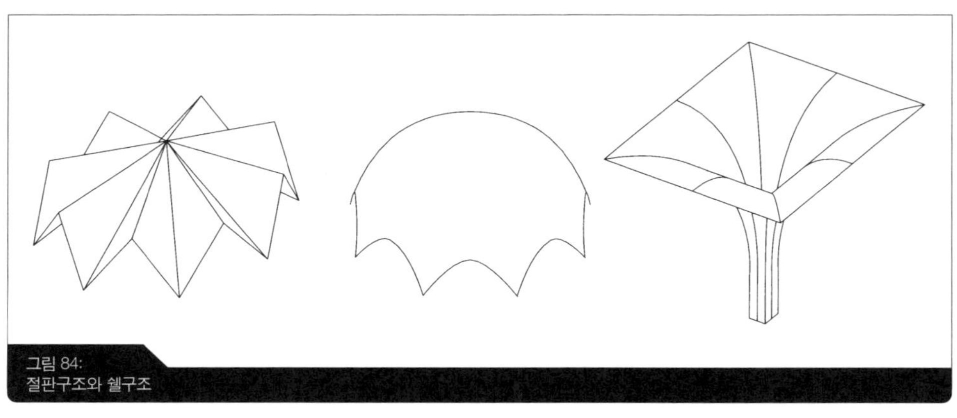

그림 84:
절판구조와 쉘구조

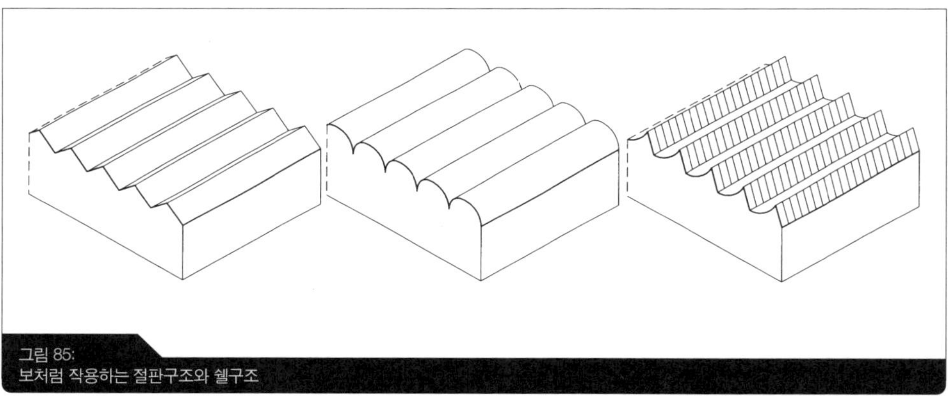

그림 85:
보처럼 작용하는 절판구조와 쉘구조

saddle surface으로 부른다. 일반적으로 케이블망 혹은 막구조에서 흔히 본다.

3.6 기초

지반
Subsoil

지반은 하중을 지지하는 구조시스템의 일부분이다. 물론 기초도 마찬가지다. 모든 다른 구조 부재들과 마찬가지로, 지반과 기초는 하중을 받아들일 수 있어야만 한다. 다른 모든 건축 재료와 같이 하중은 변형을 유발한다. 그리고 수 센티미터의 침하를 유발한다. 그러므로 침하는 일반적인 현상이며 심각한 문제라고는 할 수 없다.

지반은 일반적으로 건축 재료보다는 하중을 지지하는 능력이 부족하다. 초과된 하중을 받아들이는 것을 억제하기 위하여 건축물에 부과되는 하중은 적정하

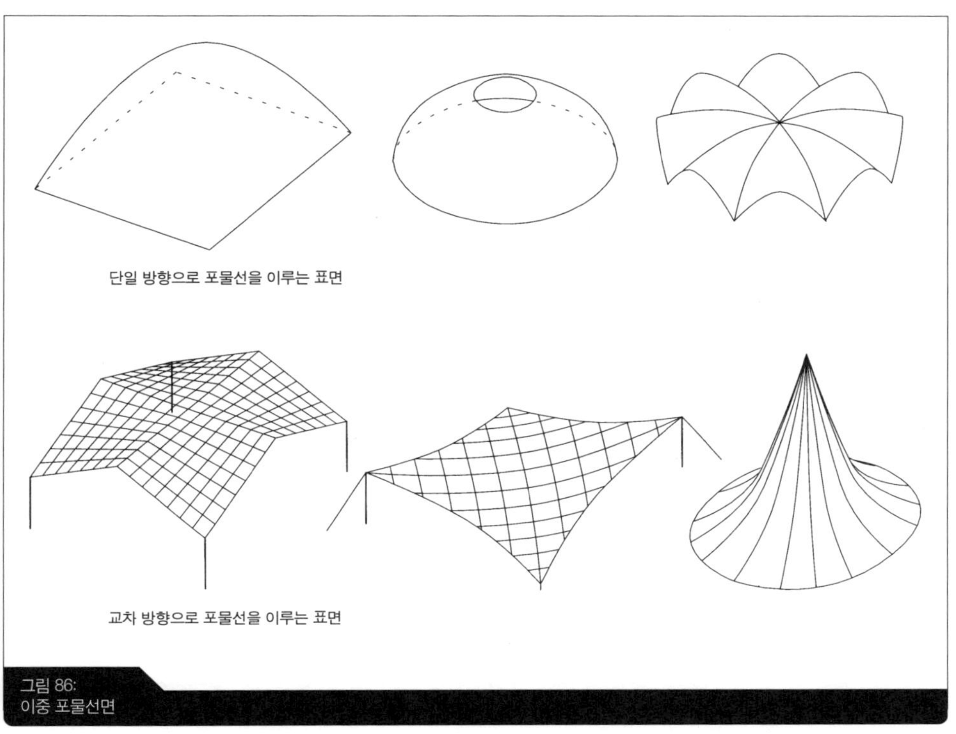

그림 86:
이중 포물선면

게 고안된 거대한 기초 면을 통하여 분산시켜야만 한다. 하중은 지반 위에 있는 기초의 넓은 면적에 걸쳐 퍼진다. 기초의 하중은 기초 판 아래에 닿는 지반의 깊이를 높임으로써 신속하게 분산시킬 수 있다.

지반의 유형은 다양하다. 지반은 서로 다른 방식으로 하중에 저항한다. 중요한 요소는 입자의 크기 혹은 다양한 입자들의 혼합도이다. 지반이 습기를 갖는 경우 하중에 대하여 유동적인 변화를 나타내는 것이 중요하다. 그러므로 지반의 토질, 토양의 습도, 지하수면의 높이 등에 대하여 가능한 한 많은 정보를 수집하는 것이 필요하다. 지질 조사는 소규모의 건축 프로젝트에서도 관례적으로 시행된다.

기초의 유형
Footting types

바닥 기초는 하중을 지반으로 전달한다. 그러므로 지반이 갖는 변형력은 하중이 분산되기 위한 면적에 따라서 다르게 나타난다. 예를 들면 기초의 크기에 영향 받는다. 이러한 차이는 다음 기초의 유형 사이에서 분명하게 드러난다.

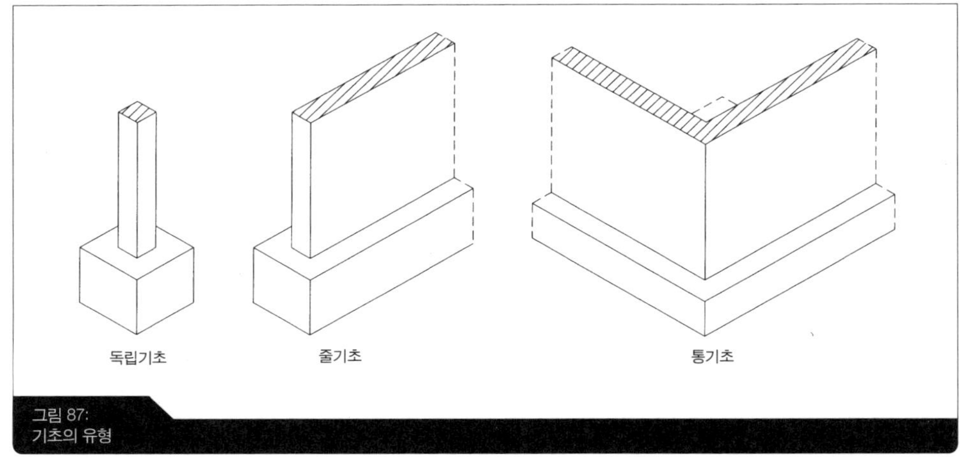

그림 87:
기초의 유형

_ 독립기초 Point footings는 일반적으로 개별적인 기둥으로부터 하중을 흡수하도록 배치하여야 한다.

_ 줄기초 Strip footings는 하중을 벽체로부터 대지면으로 전달하는 것이다.

_ 통기초(매트기초) Slab footings는 연속적인 콘크리트 바닥으로 이루어진다. 이 슬래브 바닥면은 건축물의 전체 면적 위에 세워져 있는 벽체나 기둥으로부터 전달받은 하중을 슬래브 형태를 갖는 기초의 전체 면적에서 분산한다. 〉 그림 87

비록 공장 제작인 경우 경제적인 문제로 독립기초에 주로 국한되지만, 기초는 미리 제작된 형태로 건축물의 대지에 적용될 수도 있다. 그림 88은 버킷 기초 bucket footing를 보여준다. 이 버킷 기초에 바구니에 담듯이 기둥을 고정시킨다. 일단 공장 제작된 기둥이 정확하게 맞춰지면 기둥과 기초 사이의 연결부는 모르타르로 채워진다. 미리 제작된 두 부재는 안전하게 결합된다.

깊은 기초
Deep foundations

만약 상부 암석층으로 하중을 지지하는 지반이 전혀 발견되지 않을 경우, 더 깊은 기초, 파일을 사용함으로써 하중을 전달하는 것도 가능하다. 이러한 작업을 위하여, 견고한 암석층에 구멍을 내고 콘크리트로 채워야 한다. 이러한 구멍을 뚫어 놓은 파일들은 하나의 긴 기둥처럼 작동하나. 이러한 기둥들은 지반위에 세워져 건축물을 지지하게 된다. 하중은 대개 이러한 콘크리트 파일의 끝 부분을 거쳐서 전달된다. 그러나 견고하게 지반에 정착되는 것은 콘크리트 파일의 거친 표

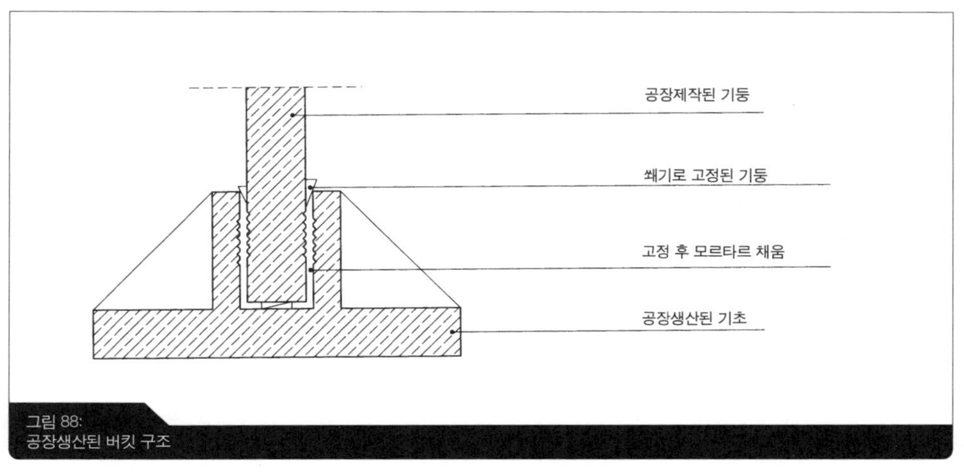

그림 88:
공장생산된 버킷 구조

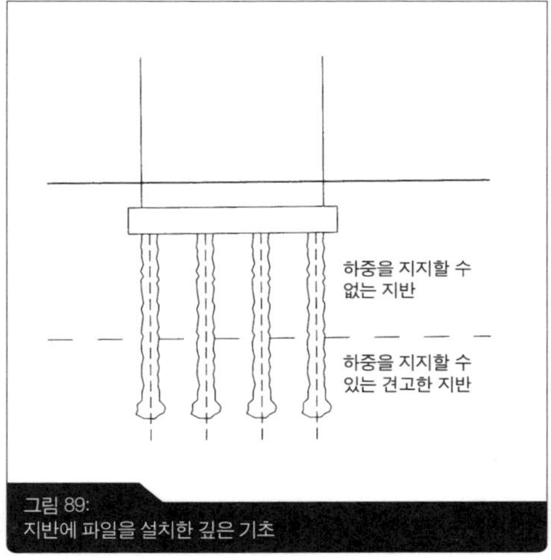

그림 89:
지반에 파일을 설치한 깊은 기초

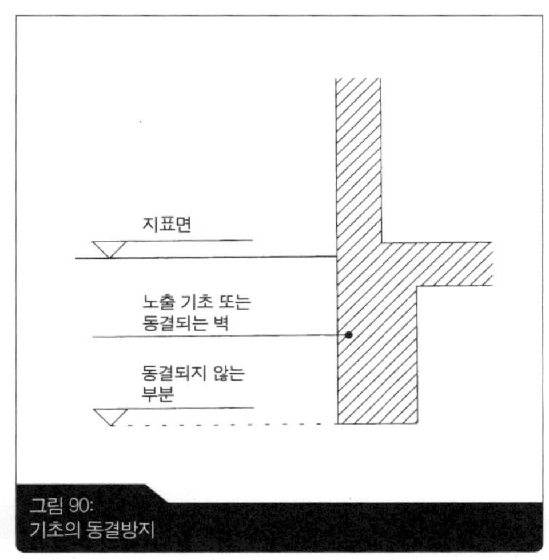

그림 90:
기초의 동결방지

면을 통해서 얻어진다. 〉그림 89

기초의 동결 방지
Frost - free
foundations

지반이 얼었을 경우, 지반이 포함하고 있는 수분이 얼어 부피가 증가하게 되는 이유로 팽창하게 된다. 이러한 현상은 지반을 쉽게 확인할 만큼 울퉁불퉁하게 변형시킨다. 그러므로 기초 아래에서는 이러한 동결 현상을 피하도록 해야 한다. 토양은 겨울동안 일정 깊이까지만 얼게 된다. 그러므로 연속적인 줄기초는 건축물의 모서리를 따라서 배치되는데 겨울에 동결되는 영역을 피하여 연결되어야 한다. 필요한 깊이는 지역의 기후에 따라 다르다. 대개는 80cm에서 1m를 넘게

되면 큰 문제는 없다. 〉 그림 90

완성된 건축물에 크랙이 생기는 것은 대개 기초에 손상을 입었다는 증거다. 그러한 손상은 대개 건축물에서 지반 위 기초가 변형을 받았기 때문이다.

토양의 특성을 부득이하게 변화시키는 것은 문제를 야기한다. 왜냐하면 일반적으로, 토양의 유형은 서로 다른 침하를 일으키기 때문이다. 건축물에 있어서 문제는 서로 다른 침하 때문에 생기기 때문이다. 이러한 부등 침하는 건축물에 가해지는 서로 다른 하중을 기초가 나눠 갖지 못하거나 혹은 서로 다른 깊이를 갖는 기초를 갖는 경우에 생겨난다. 왜냐하면, 이러한 현상은 항상 지반에 다른 긴장상태를 유발하기 때문이다. 이러한 현상은 계획 단계에서 충분히 고려되어야만 한다. 그리고 토양에 하중을 분산시키거나 혹은 서로 다른 부등 침하로부터 손상을 피하기 위하여 적절한 계측을 얻어내야만 한다. 구조 부재의 간격 등에 의하여 일어날 수 있는 실례에 대하여 고려하여야 한다.

4. 결론

구조의 이해는 하중을 지지하는 구조 시스템 이론의 복잡한 영역을 설명하기 위한 것이다. 여기에 선택적으로 소개된 지식들은 학생들이 구조의 연관관계를 쉽게 이해하도록 도울 것이고 디자인 작업에서 지지력과 하중에 의하여 만들어지는 요구사항들을 고려하게 만들 것이다. 결과적으로 그들의 디자인을 실질적으로 계획하고 통합적으로 가능하게 할 것이다. 하중을 지지하는 구조를 디자인한다는 것은 궁극적으로 디자이너의 공간에 대한 사고를 매우 날카롭게 가다듬게 만들 것이다. 또 나아가 구조 시스템 디자인의 질적 수준을 얻도록 할 것이다. 무엇보다도 디자인 아이디어 단계로부터 구조적 사고를 유도할 것이다. 그리고 형태적으로 만들어 낼 수 있게 도울 것이다. 이러한 과정은 주로 디자인 단계에서 구조 시스템의 요소를 결정하면서 일어난다. 특히 큰 스팬의 공간을 사용하는 경우와 같은 때 그러하다. 이러한 종류의 문제들은 대개 복합적인 요구 조건을 고려한 상태에서 구조 시스템의 디자인을 결정하면서 해결된다.

그러므로 이 책에서 전달하고자 하는 것은 학생들 자신이 구조 시스템에 대한 고려와 함께 창조적인 사고와 디자인 아이디어를 통하여 건축적인 개념을 발전시키도록 하는 것이다. 이 책의 정보는 그러한 건축 디자인 프로세스 단계에서 필요한 매우 기본적인 것이다. 그리고 구조 시스템의 기보적인 법칙들을 해석함으로써 개별적인 요구 조건들을 이해하고 충족시킬 것이다.

결론을 말하자면, 세 가지의 기본적인 원칙이 고려되어야 한다.

1. 하중을 지지하는 구조 부재는 모든 평면을 가로질러 기초까지 하나의 선으로 연결되어야 한다.
2. 스팬은 가능한 한 작게 계획되어야 한다. 거대한 스팬은 많은 비용과 노동력을 요구한다. 예외적으로 거대한 스팬이 필요할 경우에는 효율적으로 사용되어야 한다.
3. 만약, 구조적으로 구축하는데 충분한 높이가 얻어진다면, 큰 어려움 없이 거대한 스팬을 다루는 것이 가능할 것이다. 만약 이 단계에서 그 구조가 갖는 특성에 관하여 아는 것이 없다 하더라도, 그러한 스팬을 위하여 충분한 구조적 높이를 산정하여 적용하여야 한다.

이 책에서 소개하는 재료적 특성 이상으로 공부를 하고자 하는 학생들과 구조 시스템에 관하여 더 많은 것을 얻고 싶은 학생들은 더 나은 지식들, 구조 기술자들은 어떻게 작업하는가와 같은 문제를 비롯한 여러 해답을 얻을 수 있을 것이다.

그리고 나면 학생들은 스스로 구조 계산을 할 수 있을 것이고 구조 부재의 치수를 정확하게 결정할 수 있는 능력을 얻을 것이다. 그리고 구조 시스템의 기본적인 요소들을 스스로 디자인하게 될 것이다.

개략적인 치수산정의 공식

아래의 공식들은 초기 디자인 단계에서 구조 부재의 치수를 산정하는데 잠정적인 결과를 제공한다. 그러나 그 결과가 하중을 지지하는 능력에 대한 최종 결론은 아니다.

바닥과 천장

복층의 건축물에서 평 슬래브 유닛으로서 콘크리트 바닥 혹은 천장

_ 스팬은 6.5 m까지 무리 없이 사용할 수 있다.

_ 충분한 충진을 위하여 슬래브 두께는 16cm이상이 되어야 한다.

_ 벽체 혹은 기둥에 의하여 지지되는 경우

스팬은 4.3 m 이하여야 한다.

$$h(m) \approx \frac{l_i(m)}{35} + 0.03$$

스팬이 4.3 m 이상이고 가벼운 벽체에 의하여 제한된 변형만 일어날 경우

$$h(m) \approx \frac{l_i^2(m)}{150} + 0.03$$

목재 보 바닥 혹은 천장

_ 보 사이의 거리는 70~90 cm

_ 보의 폭은 약 $0.6 \cdot d \geq 10$ cm

보의 높이는 $h \approx \frac{l_i}{17}$

IPE 거더 girders (I 형강 거더)

_ 강력한 기둥 축 주변에 하중이 집중

_ h는 단면 높이(cm), q는 분산된 하중(kN/m), l은 스팬(m)일 경우

$h \approx \sqrt[3]{50 \cdot q \cdot l^2} - 2$

HEB 거더 girders (H 형강 거더)

_ 강력한 기둥 축 주변에 하중이 집중

_ h는 단면 높이(cm), q는 분산된 하중(kN/m), l은 스팬(m)일 경우

$h \approx \sqrt[3]{17.5 \cdot q \cdot l^2} - 2$

장 스팬 지붕 구조

집성목을 사용

_ 스팬 : 10 ~ 35 m

_ 트러스 사이의 거리 : 5–7.5 m

높이 $h = \frac{1}{17}$

목재 트러스 보

– 스팬 : 7.5 ~ 60 m

– 트러스 사이의 거리 : 4–10 m

전체 높이 $h \geq \frac{1}{12} \sim \frac{1}{15}$

강재로 연결된 입체 거더

_ 스팬 : 20 m 이내

_ IPE 거더 높이 600mm

거더의 높이는 $h \approx \frac{1}{30} \cdots \frac{1}{20}$

강재 트러스 거더

_ 스팬 : 75 m 이내

거더의 높이는 $h \approx \frac{1}{15} \cdots \frac{1}{10}$

참고문헌

James Ambrose: *Building Structures*, 2nd edition, John Wiley & Sons 1993

James Ambrose, Patrick Tripeny: *Simplified Engineering for Architects and Builders*, John Wiley Er Sons 1993

Francis D.K. Ching: *Building Construction illustrated*, 3rd edition, John Wiley & Sons 2004

Andrea Deplazes (ed.): *Constructing Architecture*, Birkhäuser, Basel 2005 Heino Engel: Structure Systems, Hatje Cantz, Stuttgart 1997

Thomas Herzog, Michael Volz, Julius Natterer, Wolfgang Winter, Roland Schweizer: *Timber Construction Manual*, Birkhäuser, Basel 2003

Russell C. Hibbeler: *Structural Analysis*, 6th edition, Prentice Hall Publisher 2005

Friedbert Kind-Barkauskas, Bruno Kauhsen, Stefan Polonyi, Jörg Brandt: *Concrete Construction Manual*, Birkhäuser, Basel 2002

Angus J. Macdonald: *Structure and Architecture*, 2nd edition, Architectural Press 2001

Bjørn Normann Sandaker, *The Structural Basis of Architecture*, Whitney Library of Design, New York 1992

G.G. Schierle: *Structure in Architecture*, USC Custom Publishing, Los Angeles 2006

Helmut C. Schulitz, Werner Sobek, Karl-J. Habermann: *Steel Construction Manual*, Birkhäuser, Basel 2000

그림출처

그림 8:	Colonnade in front of the Old National Gallery, Berlin, Friedrich August Stüler
그림 34:	AEG Turbine Hall, Peter Behrens
그림 58:	Berlin Central Station, von Gerkan, Marg and Partner
그림 7, 왼쪽, 오른쪽;	Institut fiir Tragwerksplanung,
그림 41, 왼쪽, 가운데;	Professor Berthold Burkhardt, Technische
그림 55, 왼쪽, 오른쪽:	Universitat Braunschweig

나머지 그림 저자.

역자 소개

장정제_홍익대(졸업, 석박사)
숙명여자대학교 미술대학 환경디자인과 교수

Basics
LOADBERARING SYSTEMS
구조시스템의 기초

Alfred Meistermann 저
장정제 옮김

1판 발행 2012년 1월 31일 발행

발행인 겸 편집장 김기현
발행처 시공문화사 *Spacetime*
등 록 1993년 3월 12일
주 소 서울시 서대문구 현저동 200 극동빌딩 5층
전 화 02) 3147-1212, 2323
전 송 02) 3147-2626
ISBN 978-89-5592-205-9
http://www.spacetime.co.kr
spacetime@korea.com

정가 9,500원